Was steckt wirklich in mir?

Hesse/Schrader

Was steckt wirklich in mir?

Die Potenzialanalyse

eichborn
berufsstrategie

Die Autoren
Jürgen Hesse, Jahrgang 1951, geschäftsführender Diplom-Psychologe im Büro für Berufsstrategie, Berlin.
Hans Christian Schrader, Jahrgang 1952, Diplom-Psychologe in Baden-Württemberg.

Hesse/Schrader
Büro für Berufsstrategie
Oranienburger Straße 4–5
10178 Berlin
Tel. 030 – 28 88 57-0
Fax 030 – 28 88 57-36

1. Auflage, August 2010

Umschlaggestaltung: Christina Hucke
Redaktion: Tanya A. Wegberg
Lektorat: Thorsten Schulte
Satz: Oliver Schmitt
Druck und Bindung: Fuldaer Verlagsanstalt, Fulda
ISBN 978-3-8218-5723-7

FSC © Mix
Produktgruppe aus vorbildlich bewirtschafteten Wäldern, kontrollierten Herkünften und Recyclingholz oder -fasern
www.fsc.org Zert.-Nr. SCS-COC-001554
© 1996 Forest Stewardship Council

Eichborn Verlag, Kaiserstraße 66, D-60329 Frankfurt am Main
Mehr Informationen zu Büchern und Hörbüchern aus dem Eichborn Verlag finden Sie unter www.eichborn.de

Inhalt

Fast Reader – Orientierung für eilige Leser

Haben Sie schon einmal darüber nachgedacht, wie viel Zeit Sie an Ihrem Arbeitsplatz verbringen? Es sind etwa 60.000 bis 80.000 Stunden, also fast ein Drittel Ihrer Lebenszeit.

Und wie viel haben *Sie* noch vor sich?

Was sind Ihre persönlichen Hauptworte des Lebens?

Gesundheit, Liebe und Arbeit gehören für viele Menschen auf die ersten drei Plätze.

Und welche Aufgaben hat ein jeder Mensch im Laufe seines Lebens zu bewältigen?

Vielleicht diese: Eine/n Partner/in zu finden, mit dem/der man sich das Leben teilt (zumindest abschnittsweise) und Aufgaben, die der eigenen Bestimmung entsprechen, die ein sinnvolles Tun, ein erfülltes Arbeitsleben gewährleisten. Genau dabei wollen wir Ihnen behilflich sein.

In diesem Buch zeigen wir Ihnen die richtungweisenden Schritte auf dem Weg zu mehr beruflicher Zufriedenheit und dem damit verbundenen Erfolg in Ihrem Berufsleben. Die Beschäftigung mit den eigenen Potenzialen ist die ideale Voraussetzung, um den richtigen beruflichen Weg einzuschlagen und erfolgreich zu werden.

Sie finden hier Anregungen, Übungen und Tests, die Ihnen helfen, sich eine tiefe Klarheit über Ihre beruflichen und persönlichen Stärken und Qualifikationsmerkmale zu verschaffen, die Sie anregen, über Ihre Neigung und Eignung für bestimmte Branchen und Berufe ganz neu nachzudenken, die Sie auffordern zu überdenken, was Sie wirklich erreichen wollen – im Leben und in der Arbeitswelt.

Wir helfen Ihnen bei der entscheidenden Kombination aus Begabungen, Fertigkeiten, Persönlichkeitsmerkmalen, Interessen und Neigungen sowie Ihren selbst gewählten Zielen, um in der Arbeitswelt bestens zu reüssieren.

Zusätzlich bieten wir Ihnen Orientierungsunterstützung durch drei ausführliche Tests und zeigen, wie Sie die gewonnenen Erkenntnisse in die Praxis umsetzen können.

Mit diesem Buch werden wir Ihnen dazu Schritt für Schritt einen Leitfaden in die Hand geben. Es geht dabei um Folgendes:

- Erkennen Sie Ihre Möglichkeiten.
- Stärken Sie Ihr Selbstbewusstsein, Ihr Selbstvertrauen.
- Identifizieren und klassifizieren Sie Ihre Neigungen.
- Schärfen Sie Ihr Bewusstsein für die Spielregeln der Arbeitswelt.
- Mobilisieren Sie Unterstützung für Ihren Karriereplan.

Wir beschäftigen uns dabei mit Fragen wie den folgenden:

- Was für ein Mensch sind Sie?
- Was können Sie?
- Was wollen Sie?
- Was ist für Sie möglich?
- Was wollen Sie erreichen und wie fangen Sie es erfolgreich an?

Im ersten Teil geht es vor allem darum, dass Sie sich selbst und Ihren Wünschen auf die Spur kommen. In zahlreichen praktischen Übungen machen wir Sie mit Ihren Vorlieben, Ihren Neigungen, Ihren Persönlichkeitsmerkmalen und Fertigkeiten vertraut. Sie lernen, wie Sie Ihr Selbstbewusstsein stärken können und worauf es in Vorstellungsgesprächen wirklich ankommt. Wir helfen Ihnen dabei, Ihre Ziele klar zu umreißen – die wichtigste Voraussetzung dafür, sie auch zu erreichen. Und wir zeigen Ihnen ganz konkret anhand Ihrer eigenen Persönlichkeitsmerkmale und Kompetenzen, wohin der Weg für Sie führen könnte.

Zur Vertiefung des Erlernten enthält der zweite Teil des Buches drei große, ausführliche Orientierungstests, die noch einmal in die Tiefen Ihrer Persönlichkeit vordringen und Ihnen ein klares Selbstbild liefern. Dabei beziehen sich die Tests immer vorrangig auf berufliche Situationen und schlagen Ihnen sogar eine Auswahl von Jobs vor, die für Sie mit Ihren speziellen Neigungen und Fähigkeiten besonders geeignet sind.

Ein ausführlicher Anhang informiert Sie über weiterführende Literatur und mögliche Berufsfelder.

Stellen Sie sich nun zur Einstimmung einmal Folgendes vor: Sie erben ein Stück Land, irgendwo im Süden, einige 10.000 Quadratmeter unbebauter Boden. Saftig grünes Gras und bunte, wild wachsende Blumen geben diesem Stück Erde einen gewissen Charme. Was für eine Idylle! Sie halten sich für einen Glückspilz und planen vielleicht ein kleines Wochenendhaus, nachdem Sie etwa 3.000 Quadratmeter an einen guten Bekannten verkauft haben, um so den Bau leichter finanzieren zu können. Jetzt werden Sie Ihre Ferien hier verbringen können, jeden Urlaubstag, den Sie sich leisten können.

Schön – und doch auch ganz schön langweilig. Alle Ferien – wo Sie doch eigentlich eher die Abwechslung Meer, Berge und zwischendrin Kulturstätten bevorzugen. Aber was soll's, denken Sie. Andere haben nicht so eine Oase wie Sie. Und dann denken Sie an das viele Geld, das Sie sparen können …

30 Jahre später erfahren Sie, dass die Gegend, in der Sie Land besaßen, reich an Bodenschätzen ist. Leider haben Sie vor Kurzem verkauft.

Oder stellen Sie sich folgende Situation vor: Sie haben ein Auto. Es fährt, verbraucht nicht einmal viel Benzin, hat Sie auch noch nie im Stich gelassen. Aber verreisen werden Sie damit nicht, denn man kann ja nie wissen. Vielleicht geht der Motor doch unterwegs kaputt, eventuell könnte das Auto gestohlen oder zumindest aufgebrochen, Sachen entwendet werden und dann die Scherereien, zum Beispiel bei einem Unfall, die Schuldfrage, die Verständigung in einer anderen Sprache. Grausam, allein schon die Vorstellung …

Oder: Sie bringen Ihren fein säuberlich getrennten Müll weg und kurz vorm Auskippen Ihres Eimers entdeckt Ihr Auge ein funkelndes, glitzerndes und blitzendes Etwas in der Tonne. Sie schauen genauer nach und finden einen Ring mit einem Stein, in dem sich die letzten Mittagssonnenstrahlen verfangen. Sie greifen eher instinktiv danach, denken sich aber: Der wird sicherlich nichts wert sein, wer wirft schon einen echten Wertgegenstand in den Müll, und außerdem habe ich bisher in meinem ganzen Leben noch nie etwas wirklich Wertvolles gefunden. Also, warum dann jetzt …

Diese drei kleinen Situationsbilder verdeutlichen, worauf es uns bei dem Thema Potenzialanalyse ankommt. Wir wollen Ihnen aufzeigen, wie leicht und zugleich dumm es sein kann, sich vorschnell mit etwas abzufinden, seine Chancen zu verschenken, unterhalb seiner Möglichkeiten zu bleiben. Positiv ausgedrückt: Es geht darum, Vorteile, Chancen, Möglichkeiten zu nutzen. Mit unserem Buch halten Sie einen vorzüglichen Ratgeber in Händen, der Ihnen dabei die bestmögliche Unterstützung bietet.

Bevor es nun losgeht, hier noch ein Hinweis zum Umgang mit diesem Buch: Alle Fragen und Nachdenkaufgaben sollten Sie immer schriftlich erledigen. Ihr Ergebnis halten Sie dann schwarz auf weiß in der Hand und können es in einem Spezialordner, versehen mit dem Datum, abheften (übertragen Sie das, was Sie hier aufgeschrieben haben, und wählen Sie einen schönen Ordner aus). Sie werden in naher Zukunft viele Seiten produzieren und gelegentlich in diesem Ordner blättern. Übrigens nennen wir ihn den *Ordner der Orientierung* (kurz OO). Darin wird Ihnen Ihr eigener Entwicklungsprozess (deshalb sind auch die Daten so wichtig) buchstäblich vor Augen geführt. Ein ganz besonderes Erlebnis, das Sie aber nur genießen können, wenn Sie Ihre Überlegungen regelmäßig und ausführlich aufzeichnen.

Und noch ein letzter Hinweis: Aus Gründen der Lesbarkeit haben wir darauf verzichtet, jede Berufsbezeichnung in der männlichen und in der weiblichen Schreibart zu verwenden. Selbstverständlich dürfen Sie bei jedem Piloten auch an eine Pilotin, bei jeder Masseurin auch an einen Masseur denken.

Acht Fragen, die Ihr Leben verändern könnten

... leben – das heißt, sich selber zu gebären,
sich selber Stück für Stück ins Dasein zu heben.

Martin Andersen Nexö

Mit den folgenden acht Fragen – nach den ersten vier sollten Sie sich eine deutliche Pause gönnen, nach der achten könnten Sie den starken Wunsch verspüren, Ihr Leben verändern zu wollen – bringen wir unsere Seminarteilnehmer fast immer zu einem neuen Bewusstsein, zu einer Erweiterung ihrer Sichtweise und Erkenntnis. Für die Beantwortung einer Frage sollten Sie sich wenigstens fünf Minuten Zeit nehmen.

1. **Was würden Sie tun, wenn Sie 10 Millionen Euro ausgeben könnten?**
   Stellen Sie sich vor, Sie hätten alle persönlichen Finanzfragen bereits geklärt, Ihrer Familie und allen Freunden bereits genug gegeben, für wohltätige Zwecke schon reichlich gespendet und wären bei bester persönlicher Gesundheit.

2. **Was würden Sie machen, wenn Sie wüssten, alles, was Sie anpacken, gelingt Ihnen, nichts kann schiefgehen?**
   Lassen Sie Ihrer Fantasie freien Lauf, unabhängig davon, wer Sie heute sind und in welcher Situation Sie leben.

3. **Welche Person, welches Tier und was für ein Gegenstand würden Sie gerne sein wollen, wenn Sie es sich aussuchen könnten?**
   Egal aus welchem Bereich (Kunst, Kultur, Politik, Geschichte, Literatur), egal ob männlich oder weiblich, real existierend oder fiktiv (z.B. Micky Maus), möglich sind alle Tiere von der Ameise bis zum Werwolf, alle Gegenstände von der Nagelschere bis zum Porsche.

4. **Was würden Sie tun, wenn Sie nur noch zwölf Monate Lebenszeit vor sich hätten?**
   Sie sind bis zum Ende völlig gesund, schmerzfrei und im Vollbesitz Ihrer physischen und geistigen Kräfte, und Sie haben schon alle interessanten Plätze dieser Welt gesehen und auch alle Verwandten und Freunde über Ihr Schicksal informiert und sich mit den für Sie wichtigen Personen ausgesprochen.

Gönnen Sie sich nun eine Pause, bevor Sie weitermachen.

5. **Was erwarten Sie ganz allgemein von Ihrem Leben und was möchten Sie für sich privat und beruflich erreichen?**
   Wie sieht Ihr Lebensplan aus?

6. **Was bedeutet es für Sie, Erfolg zu haben?**
   In welchem Lebensbereich ist Erfolg für Sie am wichtigsten?

7. **Wem möchten Sie imponieren, wen durch Ihre persönlichen Eigenschaften und beruflichen Leistungen beeindrucken?**
   In wessen Augen soll Glanz entstehen aufgrund Ihrer Leistungen und Merkmale?

8. **Was ist Ihr geheimster Wunsch, Ihr Traumziel im Leben?**
   Mal ehrlich: Ist es der Wunsch, reich, bewundert, berühmt oder mächtig und einflussreich zu werden, oder ist es noch etwas ganz anderes?

Setzen Sie sich mit diesen Fragen auseinander. Es lohnt sich, länger darüber nachzudenken. Diskutieren Sie Ihre Ergebnisse mit Menschen Ihres Vertrauens. Vergleichen Sie Ihre Notizen mit dem, was anderen dazu eingefallen ist. Fragen Sie sich wiederholt, was eigentlich zwischen den Zeilen steht, die Sie bei diesen Themen und Fragen zu Papier gebracht haben. Stellen Sie sich vor, Sie hätten eine Ihnen fremde Person vor sich, die diesen (also Ihren) Text geschrieben hätte. Was würde Ihnen zu dieser Person einfallen? Was würden Sie dieser Person sagen wollen?

Bei den ersten vier Fragen haben wir Ihre Fantasie spielerisch mobilisiert. In Ihren Fantasien stecken wichtige Hinweise und Botschaften, die Sie jetzt nur richtig interpretieren müssen. Durch Ihre Antworten offenbaren sich in der Regel Werthaltungen und Präferenzen. Ob Sie mit dem vielen Geld, das Sie ausgeben sollten (1. Frage), allen Waisenkindern dieser Welt ein Zuhause schaffen wollen, oder ob Sie sich den Eiffelturm gekauft haben (Wozu? Vielleicht um den Fahrstuhlführer zu spielen?), ist von ganz unterschiedlicher Bedeutung. In einem persönlichen Gespräch würden wir gemeinsam Ihren Überlegungen nachgehen. Jetzt müssen Sie das selbst tun, gegebenenfalls mit Hilfe von guten, klugen Freunden. Und ebenso steckt in der fantasievollen Beantwortung, was Sie machen würden, wenn nichts schiefgehen könnte, viel von Ihren (geheimen) Wünschen und Sehnsüchten, aber auch Ängsten. Kommen Sie sich selber auf die Spur! Lassen Sie sich zu Ihren Antworttexten etwas einfallen.

Was beispielsweise steckt dahinter, dass Sie Winnetou, ein Goldfisch und ein Fernrohr sein wollen würden? Gibt es etwas Gemeinsames, das diese drei Dinge für Sie verbindet? Wofür steht Winnetou (aus Ihrer ganz persönlichen Sicht – der edle Wilde, Treue, Freundschaft …?) Was verbinden Sie mit einem Goldfisch (Luxus, Einsamkeit, Monotonie …?) und was mit einem Fernrohr?

Wir greifen hier auch auf Anregungen von Max Eggert, einem englischen Psychologen und Karriereberater, und David Maister, einem amerikanischen Arbeitsforscher, zurück.[1]

Wissen Sie, was wirklich in Ihnen steckt?

Jeder Mensch trägt eigentlich,
wie gut er sei, einen noch besseren Menschen in sich,
der sein viel eigentlicheres Selbst ausmacht.

Wilhelm von Humboldt

Die Erforschung Ihrer versteckten Potenziale ist vergleichbar mit einer Schatzsuche. Stellen Sie sich einen verschlossenen Tresor vor, dessen Inhalt wertvoll sein muss, Ihnen aber im Moment noch unbekannt ist. Sie haben nur eine leise Ahnung, können aber nicht sicher sein, was darin schlummert. Gewissheit haben Sie nur in einem Punkt: Sie wollen es herausfinden! Sie müssen die Tresortür aufbekommen. Dieses Buch soll Ihr Schlüssel sein und Ihr Wegweiser zu neuen, neu entdeckten Zielen. Den Weg jedoch gehen Sie selbst!

Sie werden Ihre Gründe haben, sich auf dem Arbeitsmarkt umschauen und neu positionieren zu wollen. Möglicherweise arbeiten Sie schon mehrere Jahre in ein und demselben Betrieb oder lange genug in derselben Branche und finden, dass es an der Zeit ist, eine ganz neue Aufgabe, eine völlig andere berufliche Herausforderung anzunehmen.

Der häufigste Grund, sich auf dem Arbeitsmarkt neu umzuschauen und zu fragen, ob man aus seinen Fähigkeiten und Neigungen bereits das Optimum gemacht hat, ist ein gewisses Maß an Unruhe und Unzufriedenheit. Von entscheidender Wichtigkeit ist es, sich mit dem Hintergrund Ihrer Befindlichkeit in der jetzigen Situation intensiv auseinander zu setzen. Sie müssen nicht nur in einem Vorstellungsgespräch wissen, was Sie sagen und was Sie wie vermitteln wollen, es ist auch für Ihre zukünftige berufliche Orientierung eine enorm wichtige Entscheidungshilfe. Nehmen Sie sich die Zeit, analysieren Sie Ihre persönliche und berufliche Lebenssituation und finden Sie heraus, was wie wozu geführt hat und wie es für Sie am besten weitergehen soll.

Und schon sind Sie mittendrin in Ihrer Vorbereitung zur Reise an Ihre Quellen, an eventuell noch verborgene Schätze.

Arbeit ist das halbe Leben ...

Den Spruch kennen Sie. Wir wagen jedoch zu behaupten, dass er falsch ist. Wenn wir die Arbeit hier als Ihr berufliches Engagement, verkürzt als Ihren Beruf verstehen, macht sie weit mehr aus als nur Ihr halbes Leben. Die berufliche Tätigkeit, der Sie nachgehen, bestimmt Ihr Einkommen, Ihre Zeiteinteilung, Ihr Selbstwertgefühl, Ihre Lebensfreude, Ihre Gesundheit und stellt damit eine ganz wichtige Grundlage dar für Ihre Familie und die Menschen in Ihrer unmittelbaren Umgebung ... und genau deshalb sind sie so wichtig: Aufgaben und Arbeitsplatz, die wirklich zu Ihnen passen.

Wissenschaftliche Untersuchungen ergaben, dass Menschen an einem Arbeitstag durchschnittlich neun Minuten mit ihrem Lebenspartner sprechen, jedoch mehr als dreimal so viel Zeit mit der Kommunikation an ihrem Arbeitsplatz verbringen. Dennoch bringen die meisten Menschen bei der Wahl des Arbeitsplatzes nicht einmal einen Bruchteil der Sorgfalt und Mühe auf wie bei der Auswahl ihres Partners oder beim Kauf eines Gebrauchtwagens.

Sie werden an dieser Stelle vielleicht einwenden, in wirtschaftlich schwierigen Zeiten seien die Auswahlmöglichkeiten schließlich begrenzt. Trotzdem sollten Sie wählerisch sein, denn für jeden Einzelnen hängt viel von der Art der Arbeitsaufgaben und der Qualität der zwischenmenschlichen Beziehungen am Arbeitsplatz ab. Wenn es am Arbeitsplatz gravierende Probleme gibt, haben diese mit Sicherheit auch Auswirkungen auf Ihren Privatbereich, Ihre Beziehung zum Lebenspartner und damit auf Ihre Zufriedenheit und Gesundheit insgesamt. Aber zunächst einmal müssen Sie herausfinden, welche Aufgaben und welches Unternehmen wirklich zu Ihnen passen.

Wer sich um einen Arbeitsplatz bewirbt, erlebt sich meist in der Rolle eines bemühten Antragstellers, der versucht, sich als der richtige Kandidat für eine bestimmte Position zu erweisen. Finden Sie sich in dieser Beschreibung wieder?

Sollten Sie aber nicht. Machen Sie Schluss mit dieser einseitigen Bittstellerhaltung, erarbeiten Sie sich ein neues (Selbst-)Bewusstsein als Basis Ihrer erfolgreichen Berufsstrategie. Aus der richtigen Perspektive betrachtet, sind Sie Unternehmer. Am Arbeitsmarkt müssen Sie mit Ihrem Produkt Ihre potenziellen Kunden überzeugen. Um Ihr Produkt erfolgreich an den Käufer zu bringen, sollten Sie deshalb Marktforschung betreiben.

Nun ist Ihr Produkt kein Gegenstand, sondern eine Dienstleistung. Es handelt sich um Ihr Know-how, Ihr spezielles Fachwissen, Ihre Arbeitskraft. Warum soll ein Kunde (altdeutsch: Arbeitgeber) ausgerechnet Ihr Produkt kaufen? Diese Frage stellt sich jeder Unternehmer angesichts der Vielzahl der Mit-Bewerber. Es geht also bei Ihnen um eine Produkt- und Käuferanalyse und um die Marktchancen, die sich aus den Bedürfnissen der Käufer und den Möglichkeiten des Anbieters (das sind *Sie*) ableiten lassen.

Mit anderen Worten: Auf welchem Gebiet liegen Ihre besonderen Talente, Ihre ausgeprägtesten Fähigkeiten und Ihre beruflichen wie persönlichen Stärken? Und wo sind die »Käufer«, die genau diese Eigenschaften, Ihre Fähigkeiten und Stärken, »einkaufen« möchten und die Ihnen einen ordentlich bezahlten Arbeitsplatz anbieten können? Warum soll ein Kunde sich für Ihr Produkt (Ihr Know-how, Ihre Fähigkeiten) interessieren und bereit sein, 50.000 Euro plus Nebenkosten pro Jahr zu bezahlen?

Nicht ohne Potenzialanalyse

Eine gründliche, gut durchdachte Vorbereitung ist die wesentliche Grundsteinlegung für Ihren Erfolg bei der Entdeckung und Analyse Ihrer Potenziale und deren Umsetzung in Ihrem Berufsleben. Das bedeutet für Sie vor allem eine intensive Auseinandersetzung mit sich selbst, Ihren Begabungen, Fähigkeiten und Neigungen sowie auch Ihren Wünschen.

Von entscheidender Bedeutung ist Ihr Bewusstsein, Ihre gesamte psychische Einstellung zu Ihrem Vorhaben, etwas Neues in sich entdecken zu wollen, um daraus gegebenenfalls ein neues Berufsziel entwickeln zu können. Es geht um die Fragen: Was für ein Mensch bin ich? Was will ich? Was kann ich? Und: Was mache ich, um aus diesen Erkenntnissen ein Optimum beruflicher Selbstverwirklichung zu erzielen?

Dabei ist uns sehr wichtig, Ihr Bewusstsein dafür zu schärfen, dass Sie sich nicht nur intensiv, sondern auch fortwährend mit sich selbst auseinandersetzen müssen. Sie erhöhen Ihre Erfolgsaussichten bei der Realisierung Ihres Traumjobs nicht allein durch das Erlernen neuer Bewerbungstechniken oder durch bessere Antworten auf die Fragen des Arbeitgebers im Bewerbungsgespräch. So sinnvoll und hilfreich das alles auch sein mag, letztlich werden Sie Ihren Wunscharbeitsplatz beziehungsweise -beruf nur dann bekommen, wenn Sie wirklich bereit sind, intensiv über Ihre berufliche Zukunft nachzudenken und sich einen daraus abgeleiteten Plan zu machen. Was Sie unbedingt brauchen, ist ein klares Ziel vor Augen, denn mit solch einem Ziel wissen Sie besser, wo es ganz speziell für Sie hingehen soll, wo Sie ankommen möchten, was Sie erreichen und bewirken wollen. Je sorgfältiger Sie Ihr Vorgehen planen, desto realistischer wird Ihr beruflicher Erfolg.

Begriffsvielfalt

»Berufliche Orientierung auf der Grundlage Ihrer Interessen und Fähigkeiten« – okay, das versteht ja noch jeder, aber was ist eigentlich mit Neigungen und Fertigkeiten gemeint und wie verhält es sich mit den Kompetenz- und Fähigkeitsmerkmalen?

Hier lohnt es sich, ein bisschen Ordnung und einen Überblick in die Begriffsvielfalt zu geben, ohne gleich den *Duden* bemühen zu müssen. Was ist also damit gemeint, wenn wir von den folgenden Begriffen sprechen:

Begabung ▸ Meint hier eine Fähigkeit (z. B. Musikalität), die weniger antrainiert als vererbt erscheint – und eventuell dann erkannt und weiter geformt bzw. trainiert werden kann. Es ist ganz wichtig, seine Begabungen zu erkennen und weiterzuentwickeln.

Befähigung ▸ Siehe *Eigenschaften*, *Fähigkeiten* und *Fertigkeiten* sowie *Kompetenz* und *Qualifikationsmerkmal*

Eigenschaften ▸ Persönliche und/oder berufliche Unterscheidungsmerkmale (z. B. Offenheit), die sich im Laufe unserer Entwicklung (vom Kind zum Erwachsenen) herauskristallisiert haben und die als Teil unserer Gesamtpersönlichkeit positiv oder negativ in der Ausprägung uns von anderen unterscheiden.

Eignung ▸ Der nicht immer leicht zu erbringende Nachweis, jemand sei besonders gut in der Lage (oder auch geeignet), etwas zu tun (z. B. ein hervorragender Rennfahrer). Deshalb wird häufig eine Eignungsuntersuchung bzw. Eignungsprüfung angesetzt (z. B. bei der Führerscheinprüfung, ob jemand das Autofahren beherrscht).

Fähigkeiten ▸ Hauptsächlich gebraucht hinsichtlich des Berufs, dabei handelt es sich um ein mehr oder weniger bewusst vorhandenes und weniger erworbenes als vererbtes und weiterentwickeltes Verhaltensmerkmal (z. B. eine scharfe Beobachtungsgabe oder z. B. Sparsamkeit). Wird häufig mit Fertigkeiten verwechselt.

Fertigkeiten ▸ Im Gegensatz zu allgemeinen Fähigkeiten ein deutlich antrainiertes und weiterentwickeltes Verhaltensmerkmal (z. B. lesen können, insbesondere Fastreading oder erfolgreiches Verhandeln). Wird häufig mit Fähigkeiten verwechselt.

Interessen ▶ Das sind Tätigkeiten (z. B. lesen) oder Objekte (z. B. Autos), die unsere volle und positiv-wertschätzende Aufmerksamkeit haben (z. B. Briefmarken sammeln, Gartenarbeit).

Kenntnisse ▶ Erworbenes, angeeignetes, antrainiertes Wissen, auch im Sinne von »how to do it« (z. B. ein großer Zitatenschatz oder viele Fremdwörter richtig einsetzen zu wissen).

Kompetenz, Kompetenzen, Kompetenzmerkmale oder auch Kernkompetenzen ▶ Darunter versteht man besondere Fähigkeiten und Fertigkeiten, die einen qualifizieren, bestimmte Tätigkeiten auszuüben (z. B. große, schwere Lastwagen zu fahren oder ein Unternehmen zu leiten).

Können ▶ Hier gebraucht im Sinne von vorhandenen Kompetenzmerkmalen, die zum Einsatz kommen (z. B. gutes Kopfrechnen).

Neigungen ▶ Eigentlich ein Synonym zum Begriff »Interessen«, etwas stärker den emotionalen Hintergrund betonend (z. B. »leidenschaftliches Kochen« bzw. »alles, was mit Essen zu tun hat, gerne machen«).

Persönlichkeitsmerkmale ▶ Sie kennzeichnen uns (z. B. Ehrgeiz, Durchhaltevermögen etc.) und können bei beruflichen Erfolgen – neben den Fähig- und Fertigkeitsmerkmalen – eine wesentliche Rolle spielen.

Potenzial ▶ Gegenstand dieses Buches! Persönlichkeitsmerkmale, Fähigkeiten und Fertigkeiten sowie Interessen, die einer Person (dem Träger) noch nicht ganz sicher bewusst sind und die es zu entdecken und zu fördern gilt (z. B. die Möglichkeit, seine Fremdsprachenkenntnisse auszubauen und zukünftig beruflich einzusetzen).

Qualifikationsmerkmal ▶ Der deutliche Nachweis darüber, dass jemand über etwas verfügt, etwas kann (z. B. gute Konzentration, schnelles Reaktionsvermögen etc.), das ihn befähigt, etwas Bestimmtes (meist in beruflicher Hinsicht) zu tun (z. B. ein Flugzeug fliegen zu können, Pilotenschein).

Stärken ▶ Etwas, das wir besonders gut beherrschen oder können (z. B. uns für etwas begeistern oder andere für etwas begeistern etc.) und das uns positiv von anderen unterscheidet.

Talente ▶ Sind eher ein Bündel von Fähigkeitsmerkmalen, die uns in der Regel von anderen abheben (z. B. unser Talent, mehrere Musikinstrumente gut spielen zu können oder Fremdsprachen zu sprechen etc.).

Um es auf die Spitze zu treiben ... ▶ Wenn Sie erst einmal Ihre Potenziale kennen, Ihre wahren Talente entdeckt haben, wird es Ihnen viel leichter gelingen, Ihre besonderen Persönlichkeitsmerkmale, Eigenschaften, Fähigkeiten und Fertigkeiten, Ihre Stärken und Ihr spezielles Können sowie Ihre Interessen und Neigungen mit Ihren Wertvorstellungen und Zielen so zusammenzubringen, dass Sie mühelos in der Arbeitswelt reüssieren. Dieses Buch hilft Ihnen dabei. Garantiert!

Entdecken und nutzen Sie Ihre Möglichkeiten

Nutzen Sie Ihre Möglichkeiten – Frage oder Aufforderung? Wie klingt das in Ihren Ohren? Lesen Sie es sich noch einmal selbst laut vor!

Man kann sich gar nicht oft genug vor Augen führen, welch großen Entscheidungsspielraum man bei der beruflichen Planung hat. Nein, Sie müssen nicht die nächsten 20 Jahre für die Hundefutterfirma in Hildesheim Rechnungen schreiben und sich das Büro mit Frau Müller teilen. Warum lösen Sie nicht Ihren Haushalt auf, verkaufen Ihr Auto und gehen nach Buenos Aires, um dort Privatunterricht in Deutsch zu geben oder einen Partyservice mit deutschen Traditionsspeisen zu gründen? Zugegeben, ein extremes Beispiel, aber nicht aus der Luft gegriffen.

Wenn Sie mit jemandem sprechen, der einen vergleichbaren Schritt gewagt hat, wird er Ihnen berichten, dass er seit Jahren nicht so glücklich war wie in dem Moment, als er genau diese Entscheidung traf.

Sie brauchen allerdings nicht gleich ans andere Ende der Welt gehen. Manchmal hat es schon Sinn, in eine andere Abteilung beim bisherigen Arbeitgeber zu wechseln. Wie das funktioniert? Sie selbst müssen einfach nur davon überzeugt sein, dass Sie der neuen Aufgabe gewachsen sind. Und mindestens genauso wichtig: Sie sollten sicher sein, dass der neue Job wirklich Ihren Vorstellungen, Ihren positiven Erwartungen entspricht. Das klingt simpel und ist es für manche Menschen auch. Leider aber nur für eine kleine Minderheit.

Aus unseren täglichen Gesprächen mit Klienten, die wir in unseren *Büros für Berufsstrategie* (in Berlin, Frankfurt, Stuttgart, Leipzig, Köln, München, Wiesbaden und Hamburg) beraten, wissen wir: Die meisten tun sich ziemlich schwer mit Veränderungen dieser Art. Zwar sind nicht wenige unzufrieden mit ihrer derzeitigen beruflichen Situation, da sie aber nicht wissen, was sie an anderer Stelle erwartet, belassen sie doch lieber alles beim Alten. Hinzu kommt, dass sie zwar einen neuen Job wollen, aber nicht genau beschreiben können, wie dieser eigentlich aussehen sollte.

Natürlich sind wir überzeugt, dass perfekte Bewerbungsunterlagen, gründliche Vorbereitung auf Einstellungstests und Vorstellungsgespräche, professionelles Verhalten am Telefon sowie Aufbau und Pflege eines effektiven Beziehungsnetzes wichtige Bausteine einer erfolgreichen Bewerbung sind. Allerdings haben diese Techniken nur Sinn, wenn man als Bewerber motiviert ist, ein klares Berufsziel zu erreichen. Mit anderen Worten: Weiß man, was man will, und ist man sich bewusst, was man Besonderes kann, sieht alles schon viel besser aus.

Nachdenken, verhandeln, umsetzen

Übernehmen Sie bewusst die Verantwortung für Ihr Leben, anstatt nur unzufrieden zu sein. Zerbrechen Sie sich nicht ständig den Kopf über Ihre Defizite – bauen Sie Ihre Stärken aus!

Sie kennen es vielleicht: Da verbringt man Stunden, Tage und Wochen damit, sich über die eigene Situation, die Fehler der anderen und die Welt im Allgemeinen zu beklagen. Und der Erfolg: Man selbst wird immer unzufriedener und Freunde verlieren jede Lust auf gemeinsame Aktivitäten. Es gibt in der Tat angenehmere Dinge, als sich pausenlos von jemandem anzuhören, wie ungerecht und gemein alles ist. Wer ständig nörgelt, verbraucht wertvolle Energie, die er besser in Kreativität umsetzen sollte.

Die Unzufriedenheit über die berufliche Situation überwindet man am ehesten, indem man die Verantwortung für sich selbst erkennt und übernimmt, um dann zu handeln. Untätiges Gemecker muss durch kreative Veränderungsbereitschaft ersetzt werden. Leichter gesagt als umgesetzt, meinen Sie jetzt vielleicht. Jedoch: Diese beiden Haltungen, die Unzufriedenheit und die Verantwortungsbereitschaft, haben eines gemeinsam: die Initialzündung für die Auseinandersetzung mit Ihren Möglichkeiten.

Mit Ihrer Bequemlichkeit und dem Hang zur Nörgelei stehen Sie nicht allein da. Es ist »modern«, sich über dieses und jenes zu beklagen. Wenn Sie sich beruflich jedoch verändern wollen, brauchen Sie Mut und Selbstbewusstsein und sollten auch bereit sein, eine Zeit lang gegen den Strom zu schwimmen.

Nun lassen sich problemlos ganze Bücher mit Erklärungen füllen, was Selbstbewusstsein ausmacht. Man kann diesen Faktor aber auch einfach in zwei Worte fassen: *Ich kann*. Zum Beispiel: Ich kann lernen. Ich kann einen Weg finden. Ich kann entscheiden. Ich kann kommunizieren. Ich kann durchhalten. Ich kann mich durchsetzen.

Natürlich gehört es zur Stärkung des Selbstbewusstseins, aus dem dann Selbstsicherheit entsteht, sich an Erfolge und positive Erfahrungen zu erinnern. Allerdings kann sich Selbstbewusstsein nicht allein auf die Vergangenheit beziehen. Es reicht nicht zu sagen: »Ich kann das, weil ich es schon oft gemacht habe.« Der Selbstbewusste ist bereit, Neues auszuprobieren, Risiken einzugehen, seine Ideen umzusetzen. Und wer einen neuen Job sucht, wird vieles machen müssen, was neu für ihn ist. Da trifft es sich gut, wenn die alten Arbeitsabläufe Sie schon sehr lange langweilen.

Wie Sie herausfinden, welcher Job wirklich zu Ihnen passt

Die Antwort auf diese Frage finden Sie nicht, indem Sie herumrätseln oder sich irgendetwas ausdenken. Sie werden sie finden, wenn Sie sich mit sich selbst beschäftigen und anfangen, auf Ihre innere Stimme zu hören. Sie müssen nichts hinzufügen oder erfinden, sondern einfach nur Ihre Vorlieben, Ihre Begabungen und Talente, Ihre stärksten Eigenschaften und Fähigkeiten aufdecken, die sich beruflich nutzbringend einsetzen lassen. Bei diesem Prozess unterstützen wir Sie im Folgenden mit zahlreichen Übungen. Diese Technik ist logisch und konsequent. So wie eine Pflanze in Licht-, in Sonnenrichtung wächst, werden Sie sich ganz natürlich Ihrer Lieblingsbeschäftigung annähern.

Wer sich auf dieses Abenteuer einlässt, braucht Zuversicht. Ihre Aktivitäten führen vor allem dann zum Erfolg, wenn Sie es selbst für möglich halten, Ihre Interessen, Neigungen und besonderen Fähigkeiten aufdecken zu können. Darüber hinaus sollten Sie bereit und mutig genug sein, Ihre Ideen anschließend in Taten umzusetzen.

Beruf – Berufung, Begabung oder doch nur Beunruhigung?

Wir sind uns vermutlich einig, dass es sinnvoll ist, sich bei der Berufswahl an seinen Interessen, an seinen Neigungen, Fähigkeiten und Begabungen zu orientieren. Nur in der Realität läuft dann manches eben doch ganz anders. Wenn Sie sich für einen falschen Berufsweg entschieden haben sollten, sind Sie nicht der Einzige.

Manche fragen sich zunächst, was ihre Eltern von ihnen erwarten. Der Frage gedanklich nachzugehen mag sich noch lohnen, in den seltensten Fällen führt sie in der Umsetzung zu Ihrem Glück. Ziemlich sinnlos wäre es, allzu lange zu überlegen, welche Qualifikationen auf dem Arbeitsmarkt gerade besonders gefragt sind. Was hilft es, dass gestern noch vor allem Internetexperten gesucht wurden? Heute sieht es mit der Nachfrage nach IT-Spezialisten schon wieder ganz anders aus. Man kann und sollte sich nicht (zu sehr) auf Bedarfsprognosen verlassen. In einem Jahr heißt es: »Studieren Sie auf keinen Fall fürs Lehramt! Es werden keine Lehrer gebraucht.« Wenig später bricht großes Geschrei los, weil aus Lehrermangel Schulstunden ausfallen müssen. Und die Moral von der Geschichte: Fragen Sie lieber, was Sie interessiert, was Sie persönlich motiviert, reizt, begeistert, als danach, was aktuell gerade gebraucht wird.

Mancher fragt sich zunächst: »Wie erreiche ich am schnellsten Reichtum, Ansehen und Macht?« Andere stellen Überlegungen wie »Welcher Job ist für mich mit dem wenigsten Stress verbunden?« in den Vordergrund. Der Nächste schlägt die Zeitung auf und schaut, wo gerade jemand gebraucht wird. Und so passiert es dann, dass der Literaturwissenschaftler »zwischendurch mal« 15 Jahre lang Benzin und Knabberzeug an der Tankstelle verkauft, ein Arzt sich nach zähen Jahren des Studiums nur über seine Patienten ärgert, weil er eigentlich Menschen gar nicht sonderlich mag, sondern viel lieber als Bildhauer arbeiten würde. Und so weiter und so fort. Wetten, Sie kennen Menschen in Ihrer Umgebung mit derlei Problemen?

Es hilft also, sich klar vor Augen zu führen, wie und vor allem dass man sich durch eigene Entscheidungen – getroffene oder immer wieder aufgeschobene – in die augenblickliche Situation hineinmanövriert hat. Und genau wie man sich in missliche Lagen hineinbefördern kann, hat man auch die Chance, aus eigener Kraft herauszukommen und interessantere und befriedigendere Aufgaben und Arbeitsangebote und -plätze zu finden.

Nur muss man dazu natürlich wissen, was man will, Ziele definieren, Richtungen finden, Entscheidungen treffen und handeln. Vor allem handeln! Und dann braucht man noch ganz besonders eines: Durchhaltevermögen, bis das Ziel erreicht ist. Beharrlichkeit ist ein sehr wichtiger Baustein des Erfolgs. Außerdem ist Mut gefragt. Wer (auch schon nur halbwegs) weiß, was er (in etwa) erreichen will, steht unter Zugzwang. Die beliebte Ausrede »Ich kann nichts verändern, denn ich weiß gar nicht so richtig, was ich eigentlich will« entfällt ersatzlos.

Vertrauen, Zutrauen und sich trauen

Die meisten Menschen verzichten früher oder später darauf, über ihre Träume zu sprechen. Als Kind war man in dieser Beziehung freier, sprach ungehemmt über Wünsche und Ideen, hatte noch nicht die berühmte »Schere im Kopf«, musste sich nicht ständig anhören »Das geht nicht«, »Du spinnst wohl«, »Wie stellst du dir das denn vor« oder »Bleib auf dem Teppich«. Kindern verzeiht man es, wenn sie Träume haben, die vom Gewohnten abweichen, findet dies in der Regel sogar niedlich. Hören Sie mal zu, wenn sich Großmütter über ihre Enkelkinder unterhalten. Die platzen vor Stolz, wenn Miriam und Marco zum Mars fliegen oder im Urwald eine exotische Früchtefarm eröffnen wollen.

Erwachsenen wird es dagegen oft verübelt, wenn sie ungewöhnliche Ziele verfolgen. Die meisten erlegen sich daher über kurz oder lang eine Selbstzensur auf. Irgendwann ignorieren sie ihre kreativen Eingebungen. Jene wenigen, denen es gleichgültig ist, ob Lieschen und Fritzchen Müller ihre Ideen lächerlich finden oder nicht, werden Software-Milliardäre oder Coffeeshop-Ladenkettenbetreiber. Nun ja, vielleicht nicht alle. Aber die Tendenz ist hiermit aufgezeigt.

Wenn Sie Arbeit finden wollen, die Ihnen (vielleicht erstmals oder wieder) Spaß macht, müssen Sie lernen, Ihrer inneren Stimme, Ihrer Intuition zu vertrauen. Hören Sie auf, sich ständig selbst einzureden, Ihre

Ideen seien dumm. Berücksichtigen Sie Ihre Eingebungen bei der Planung Ihrer beruflichen Zukunft. Niemand kann kreativ sein, wenn im Hintergrund gleich der Kritiker lauert, der alles niedermacht, alles wieder verwirft. Kreativität setzt Unabhängigkeit und Selbstbewusstsein voraus. Es hilft, sich vor Augen zu führen, dass die wichtigsten Veränderungen – egal auf welchem Gebiet – der breiten Allgemeinheit zunächst immer suspekt waren, egal ob Eisenbahn, Röntgenstrahlen oder Mondfahrt.

Falls Sie nun befürchten, dass Ihre Vorstellungen sich nicht mit denen Ihrer Mitmenschen decken, sollten Sie dies nicht als Manko, sondern als große Chance sehen. Wenn Sie beruflichen Erfolg und zugleich innere Zufriedenheit anstreben, müssen Sie schon ein bisschen einzigartig sein. Und genau das sind Sie, wenn Sie sich trauen, wenn Sie sich dazu bekennen.

Wer befürchtet, es sei äußerst schwierig, interessante Berufsfelder zu entdecken, sollte lernen, seinem Instinkt zu vertrauen, und sich ganz simple Fragen stellen: Welche Themen interessieren mich? Wen bewundere ich für die Arbeit, die er/sie leistet? Wo gibt es Missstände, die ich beheben möchte? Wem möchte ich helfen? Wenn Sie solche Überlegungen für abwegig halten, fragen Sie zum Beispiel einmal Ärzte, warum sie sich für ihr Fachgebiet entschieden haben. An den Verdienstmöglichkeiten allein kann es nicht liegen. Auch Börsenmakler verdienen Geld, nur stehen diese nicht morgens um drei im OP und versorgen blutüberströmte Unfallopfer.

Begeisterung als Entscheidungsfaktor

Wenn Sie den für Sie richtigen Job finden wollen, dann ist das kein rein rationaler Vorgang. Entscheidungen für Tätigkeiten, Aufgabenfelder oder Berufe sind selten das Ergebnis von wissenschaftlichen, rationalen Analysen. Bei der Berufsfindung sollte man sich vielmehr fragen, welche Themen, Vorgänge und Ereignisse einen am meisten interessieren. Wer jahrelang einen unbefriedigenden Job hatte, kann es sich vielleicht kaum noch vorstellen: Lust auf die Arbeit sollte im Mittelpunkt stehen. Wer die richtige Aufgabe und dazu den optimalen Arbeitsplatz gefunden hat, für den hat Arbeit etwas Müheloses, Spielerisches. Wenn Sie Ihre Talente entdecken wollen, dann achten Sie einfach darauf, was Ihnen im Gegensatz zu manch anderem fast mühelos oder nahezu spielerisch leicht gelingt.

Talente sucht man sich nicht aus; sie sind ganz einfach da, wollen allerdings erkannt und gepflegt werden, auch im Sinne von Weiterentwicklung. Talente können Sie nicht einfach erlernen und sollten nicht mit Fähigkeiten oder Fertigkeiten verwechselt werden, die man sich vielleicht im Laufe der Jahre angeeignet hat. Wenn es um Ihren nächsten Job geht, sollten Ihre Talente den Ausschlag geben. Auf Ihre Fähigkeiten kommt es erst beim Ausführen der Aufgaben an.

Wer einen Job annimmt, der seine Talente unberücksichtigt lässt, fügt sich selbst großen Schaden zu. Es schmerzt, wenn Kreativität fortwährend unterdrückt wird. Es schmerzt, sich selbst zu verleugnen und vorzugeben, jemand anderes zu sein. Es schmerzt zu ahnen, dass im Grunde sehr viel mehr in einem steckt, als man bisher zeigen konnte. Aber irgendwann ist dann selbst dieser Schmerz überwunden und ein gähnend leeres Nichts bleibt zurück, ein Ausgebranntsein und eine tiefe Müdigkeit nehmen vielleicht stattdessen Besitz von Ihnen.

Im Gegensatz dazu blühen Sie auf, wenn Ihre Aufgaben Ihren Talenten und Neigungen entsprechen. Sie blühen auf, wenn Sie eigene Ideen verwirklichen können, wenn dieser persönliche Einsatz zu Erfolgen führt und erst recht, wenn die Arbeit so viel Spaß macht, dass Sie alles um sich herum vergessen. Das merken Sie unter anderem daran, dass Sie nicht alle zehn Minuten auf die Uhr schauen, um festzustellen, wie lange Sie noch am Arbeitsplatz verweilen müssen, bevor Pause oder Feierabend ist.

Wenn Sie Dinge erledigen, die Ihren Talenten entsprechen, empfinden Sie diese Arbeit kaum als belastend, ja vielleicht nicht einmal mehr als Arbeit. Sie müssen darauf vertrauen, dass Sie einzigartige Begabungen besitzen. Es gilt nur, diese zu entdecken und dann auch richtig um- und einzusetzen.

Auch auf die Gefahr hin, dass wir uns wiederholen: Es ergibt keinen Sinn, sich auf seine Schwächen zu stürzen und zu versuchen, diese wettzumachen. In Aufgaben, die Sie weder mögen noch besonders gut beherrschen, werden Sie auch durch Übung nicht zum Meister. Konzentrieren Sie sich lieber auf das, was Sie bereits recht gut können, und bauen Sie diese Fähigkeiten, diese Fertigkeiten weiter aus. Erinnern Sie sich an Beschäftigungen, die Ihnen so viel Spaß machten, dass Zeit und Anstrengung keine oder kaum noch eine Rolle für Sie spielten. Auf diese Weise bekommen Sie wichtige Anregungen für Ihren neuen Job.

Die Vorbereitung

Präzise planen kostet in der Regel auch nicht mehr Energie
als träumen, wünschen und hoffen.

Sprichwort

Jede Reise beginnt mit dem ersten Schritt. Auch Sie sollten zunächst einmal eine Art Bestandsaufnahme vornehmen. Sie wird Ihnen helfen, sich selbst besser einzuschätzen und Ihren individuellen Standort zu bestimmen. Es ist wichtig, dass Sie sich dafür Zeit nehmen und die angebotenen Übungen sorgfältig durchführen. Besser über sich Bescheid zu wissen und seine Stärken und Schwächen zu erkennen zahlt sich aus.

Sie werden sich sehr ausführlich mit folgenden vier Fragen auseinander setzen:

- Welche Talente und Fähigkeiten habe ich?
- Was mache ich am liebsten?
- Wo möchte ich meine Fähigkeiten einsetzen?
- Wie finde ich den entsprechenden Arbeitsplatz?

Die meisten Orientierungssuchenden würden die ersten drei Fragen am liebsten überspringen und sich gleich der letzten widmen. Zunächst ist es jedoch wichtig, sich Klarheit über Ihre Interessen, Talente, Neigungen, Fähigkeiten und vor allem Ihre Wünsche und Bedürfnisse zu verschaffen. Im Folgenden geht es um fünf ganz zentrale Fragen dabei:

- Was für ein Mensch bin ich?
- Was kann ich?
- Was will ich?
- Was ist möglich?
- Was und wie mache ich es?

Wenn Sie sich die Mühe machen und diese Fragen in allen Facetten beantworten, sind Sie am Ende entschieden selbstbewusster. Glauben Sie uns: Selbstbewusstsein ist auf dem Arbeitsmarkt wichtiger als PC- oder Fremdsprachenkenntnisse. Und Sie sind optimal vorbereitet für die entscheidenden Bewerbungsaktivitäten, den nächsten Schritt in Richtung auf Ihr neues berufliches Ziel.

Sie sollten sich immer wieder bewusst machen, dass Sie über eine ganz bestimmte Kombination von Charaktermerkmalen, Fähigkeiten, Interessen, Neigungen und Bedürfnissen verfügen. Das macht Sie einzigartig. Aus diesem Grund ist es auch so wichtig, sich die Zeit zu nehmen, über Wünsche und Möglichkeiten nachzudenken, sich bei der Entdeckung noch verborgener Talente vielleicht sogar helfen zu lassen. Letztlich können nur Sie selbst entscheiden, mit welchen Arbeitsaufgaben, in welchem Beruf und in welcher Umgebung Sie glücklich werden.

Natürlich sollten Sie Ihre Familie oder Freunde mit einbeziehen und um Rat fragen. Die Entscheidung für eine neue berufliche Aufgabe und Herausforderung, den neuen Job, müssen Sie allerdings selbst treffen. Und nach dieser Entscheidung wird es erst richtig spannend: Handeln ist angesagt.

Der eine handelt, der andere nicht

Konrad hat einen überzeugenden Businessplan für eine neue Werbeagentur aufgestellt. Nach Abschluss des BWL-Studiums arbeitet er seit einiger Zeit erfolgreich in einer größeren Agentur und plant nun, sich selbstständig zu machen. Nicht zuletzt sind es auch seine Freunde, die ihm zu diesem Schritt raten: »Du hast das Potenzial dazu. Du bist dann dein eigener Herr, musst dir nichts mehr vorschreiben lassen. Außerdem verdienst du wesentlich mehr. Im Moment wirst du doch nur ausgenutzt.«

Konrad wählt die Nummer der Bank, die ihm das Startkapital für sein Projekt geben soll. Doch dann legt er den Hörer zurück auf die Gabel. Ihm kommen Zweifel, ob der Plan wirklich ausgereift ist. Er beschließt, alles noch einmal zu überarbeiten und am nächsten Tag mit der Bank zu sprechen. Aber auch am Tag darauf findet er Argumente für ein weiteres Hinauszögern. Bis heute hat sich Konrad nicht um Geldgeber bemüht. Dass er den Schritt in die Selbstständigkeit letztlich doch nicht wagt, liegt weniger an fehlender Qualifikation als an Selbstzweifeln, an Angst vor dem Ungewissen und vielleicht auch ein bisschen an seiner Bequemlichkeit.

Konrads Schulfreund Heiner leitet eine große Restaurantkette. Er verließ die Schule nach der zehnten Klasse. Seinem Vater gehörte eine Gaststätte. Dort mitzuarbeiten reizte ihn wesentlich mehr als drei weitere Jahre Algebra und lateinische Vokabeln. Mit seiner Ausstrahlung war Heiner bei den Gästen sehr beliebt. In der Nachbarschaft gab es zwar 15 weitere Lokale, die jedoch weniger erfolgreich waren.

Als sich sein Vater aus dem Geschäft zurückzog, übernahm Heiner die Leitung. Er veränderte das Konzept und entschloss sich bald, weitere Restaurants zu eröffnen. Die finanzielle Seite der Expansion interessierte ihn wenig, das Wort »Liquiditätsplanung« hatte er noch nie gehört. Aber dafür gab es ja schließlich Berater. Er knüpfte außerdem Kontakte zu einem Investor, der zwar viel Geld, aber kaum eigene Ideen hatte. Mittlerweile betreibt Heiner 50 Restaurants in fünf Bundesländern und es spricht einiges dafür, dass er mit seiner Geschäftsidee weiterhin Erfolg haben wird.

Wir bringen diese Beispiele nicht ohne Grund. Sie sollen einmal mehr verdeutlichen, dass Erfolg im Beruf nicht allein von Ausbildung und Fähigkeiten abhängt. Denken Sie nur an Joschka Fischer, der erfolgreich und geschätzt war und sein Amt als Außenminister auch ohne Abitur und Studium sehr ordentlich meisterte. Begeisterungsfähigkeit und ausgeprägtes Selbstbewusstsein bringen Karrieren schneller voran.

Menschen verhalten sich unterschiedlich, weil es ihrer Persönlichkeit entspricht. Nun wird der Introvertierte auch durch die besten und wohlmeinendsten Ratschläge nicht in sieben Tagen zum kontaktfreudigen Energiebündel. Aber wer es wirklich will, hat die Möglichkeit, sich in gewissen Grenzen durchaus zu verändern.

Was Sie unbedingt wissen müssen, bevor Sie starten

Wenn Sie bei Ihrer Potenzialanalyse und später bei der Auswahl des für Sie richtigen, ja nahezu idealen Aufgabenfeldes und Arbeitsplatzes die Hinweise aus diesem Buch berücksichtigen, werden Sie jede Menge Einladungen zu Vorstellungsgesprächen erhalten. Versprochen!

Die richtige Vorgehensweise, eine effektive Strategie sind auch für Sie entwickelbar. Dabei geht es zunächst um die folgenden fünf grundlegenden Essentials, die Ihnen wirklich weiterhelfen werden:

1. Begabungen und Fähigkeiten erkennen
2. Neigungen identifizieren und klassifizieren
3. Selbstbewusstsein und -vertrauen stärken
4. Die Spielregeln des Arbeitsmarktes verstehen
5. Unterstützung mobilisieren

1. Begabungen und Fähigkeiten erkennen

Auf die Frage »Was können Sie besonders gut?« wissen die meisten Menschen nicht halb so schnell zu antworten wie auf die Frage »Was sind Ihre Schwächen?«. Während die Frage nach Begabungen und Fertigkeiten eher Rat- und Sprachlosigkeit auslöst, ist die Frage nach Defiziten dazu angetan, dem Befragten sofort ein schlechtes Gewissen zu verursachen. Zwar wird auch diese Frage nicht gerne beantwortet, aber man sieht es der Person förmlich an der Nasenspitze an, was alles sofort in ihrem Kopf abläuft. Das Schweigen zu dieser Frage ist ein eher peinliches Zurückhalten, der Befragte hätte genug Stoff, sofort zu erzählen.

Viele können viel leichter zugeben, ihre Fremdsprachenkenntnisse seien miserabel, sie würden ihren Computer nicht annähernd beherrschen, sie seien ungeduldig und unordentlich, sie hätten wenig Ahnung von Mathematik oder Geografie, als sich dazu zu bekennen, sie könnten gut mit kleinen Kindern umgehen, schnell das Vertrauen anderer Menschen gewinnen, hätten Spaß daran, einen Vortrag auszuarbeiten und zu halten et cetera.

Schon in der Schule werden wir mehr auf unsere Fehler, auf unser Unvermögen hin angesprochen, kritisiert, bisweilen auch entmutigt, als auf das, was wir überdurchschnittlich gut machen können. Das Ergebnis kann ein ziemlich schwach entwickeltes Selbstbewusstsein im Hinblick auf die eigenen Fähigkeiten bedeuten, ein ewig schlechtes Gewissen wegen unserer Leistungsmängel, in fast allen Fällen jedenfalls ein fehlendes oder nur sehr schwach ausgeprägtes Bewusstsein, was unsere wirklichen Talente, Begabungen und Fertigkeiten ausmacht. Schade!

Sie werden einen Arbeitgeber von Ihrer Leistungsfähigkeit überzeugen müssen. Mehr als alles andere interessiert diesen, welchen Gewinn es *ihm* bringen wird, wenn er *Sie* einstellt. Seien Sie also auf die Frage »Was können Sie für mich, für das Unternehmen tun?« vorbereitet. Ziehen Sie eine Bilanz Ihrer persönlichen Stärken, Ihrer Begabungen und Fähigkeiten, und fragen Sie sich, welche Eigenschaften Sie wirklich für den angestrebten Aufgabenbereich besonders qualifizieren und bestmöglich empfehlen.

Wenn Sie mehrere Jahre erfolgreich in einem Unternehmen gearbeitet haben, sollte es einfacher für Sie sein, Ihr Können in Worte – oder besser noch in Zahlen – zu fassen. Beeindruckender als Vokabeln wie »leistungsfähig«, »motiviert« und »belastbar«, die zwar großartig klingen, aber wenig aussagen, sind konkrete Ergebnisse. Ist es Ihnen beispielsweise gelungen, den Umsatz Ihrer Abteilung im Laufe von nur drei Jahren um 30 Prozent zu steigern, wird das den Arbeitgeber, für den Sie in Zukunft arbeiten wollen, sehr interessieren.

Falls Sie keine Berufserfahrung mitbringen, weil Sie gerade erst Ihr Studium oder eine Ausbildung beendet haben, fällt es Ihnen womöglich schwerer, Erfolge anzuführen, die den Arbeitgeber neugierig auf Sie machen. Natürlich ist Ihr guter Abschluss eine großartige Leistung, die Sie nur durch Zielstrebigkeit und Leistungswillen erreicht haben. Der Personalchef will jedoch nicht nur wissen, was Sie *gelernt* haben, sondern vor allem, was Sie *können*. Jetzt und zukünftig!

Eine Ihrer vordringlichsten Aufgaben ist es also, bald Antworten auf genau diese Frage zu finden, damit Sie demnächst im Gespräch mit einem Arbeitgeber nicht ins Stottern geraten. Wenn Sie Ihre Schlüsselqualifikationen, Ihre spezifischen Begabungen und Fähigkeiten nicht spontan benennen können – so geht es übrigens den meisten Leuten –, müssen Sie sich jetzt die Antworten »erarbeiten«. In diesem Buch finden Sie Anleitung und Übungen, die Ihnen dabei helfen.

2. Neigungen identifizieren und klassifizieren

Sprachen wir eben noch von besonderen Begabungen sowie von erlernten und weiterentwickelten Fähig- und Fertigkeiten, müssen wir uns jetzt auf Ihre Neigungen, auf Ihr persönliches Interessenspektrum konzentrieren. Vielleicht sind Sie erstaunt, warum wir hier differenzieren. Nun: Stellen Sie sich vor, Sie könnten wunderbar kochen. Allein diese Tatsache bedeutet aber doch noch lange nicht, dass Sie den ganzen Tag in der Küche stehen, ein Restaurant beziehungsweise die Essensherstellung organisieren oder leiten mögen. Möglicherweise wollen Sie noch nicht einmal den Lebensmitteleinkauf tätigen, geschweige denn Mahlzeiten testen und begutachten et cetera.

Mit diesem Beispiel wollen wir Ihnen verdeutlichen, dass es darauf ankommt, sich neben den besonderen Begabungen und Fähigkeiten intensiv mit den eigenen Wünschen, den persönlichen Neigungen und Interessen zu beschäftigen. Jemand, der handwerklich geschickt ist, muss deshalb noch lange nicht gerne beruflich handwerken wollen, nicht notwendigerweise Spaß und Ehrgeiz entwickeln, wenn es um die Renovierung von Wohnungen oder die Reparatur kaputter technischer Geräte geht.

Die Frage ist also: Wofür schlägt Ihr Herz? Wofür schnell und wofür noch etwas schneller? Was übt eine nahezu unwiderstehliche Faszination auf Sie aus und inwieweit tangiert diese Sache beziehungsweise Tätigkeit auch noch (hoffentlich) Ihre besonderen Begabungen und Fähigkeiten? Wir werden Ihnen dabei helfen, es herauszufinden.

3. Selbstbewusstsein und -vertrauen stärken

Wer selbstbewusst auftritt, erreicht seine Ziele leichter, macht schneller Karriere, schlägt ein besseres Gehalt für sich heraus, hat mehr Spaß im Job und kommt mit anderen besser klar.

Warum der eine es hat und der andere nicht oder doch deutlich weniger – Forscher sind sich nicht einig: Wer aus einer gut situierten Familie kommt, trägt die Nase gleich höher, versuchen Soziologen als Erklärung anzuführen und die Psychologen verweisen auf die Beziehung zu den Eltern.

Selbstbewusstsein, Selbstachtung, Selbstvertrauen, Selbstsicherheit, Selbstliebe – viele Begriffe umkreisen die Frage nach den eigenen Stärken, Grenzen und nach dem Vertrauen in die eigenen Fähigkeiten und Möglichkeiten. Dabei hat eine positive Sicht aufs eigene Ich gar nichts mit unseren Leistungen zu tun, so ein Erklärungsansatz. »Heute weiß man, dass Selbstliebe zum großen Teil von der Liebe abhängt, die uns als Kind in der Familie zuteil geworden ist, und von der Gefühlsnahrung, die uns damals gespendet wurde«, so die Psychologen Christophe André und François Lelord in ihrem Buch *Die Kunst der Selbstachtung*. Wenn auf die Zweifel und Beunruhigungen eines Kindes keine Rücksicht genommen werde, könne das zu einer sehr zerbrechlichen Selbstachtung führen. Keine gute Grundlage für ein erfolgreiches Berufsleben.

Die These, dass Selbstbewusstsein und Selbstvertrauen stark abhängig vom Herkunftsmilieu sind, vertritt auch Dieter Frey, Professor für Sozialpsychologie an der Universität München. Wer als Zögling einer Familie des gehobenen Bürgertums aufwächst, erfährt nicht nur, dass man seinem Elternhaus Respekt entgegenbringt, er wird auch schon als Kind von seiner Umgebung bevorzugt behandelt. Nicht zuletzt in der Schule gibt es bei Lehrern eine deutliche Neigung, die Kinder von Ärzten, Anwälten und anderen Berufsvertretern mit hohem sozialen Status wohlwollender zu behandeln und besser zu bewerten als die Kinder anderer Eltern, schätzt Frey die weitere Ausgangs- und weichenstellende Situation ein. Und das setzt sich im Berufsleben fort.

Wer wagt, gewinnt Selbstbewusstsein. Und das fällt Frauen immer noch deutlich schwerer als Männern. Wenn es um berufliche Herausforderungen geht, sagen Frauen eher, sie könnten etwas nicht, trauen sich nicht richtig, glauben keine oder zu wenig Kompetenz zu haben, hat die Diplom-Psychologin und Karriereberaterin Monika Bühler-Wagner (sie arbeitet im *Büro für Berufsstrategie*) beobachtet. Obwohl viele Frauen fachlich genauso gut sind wie die Männer, bleiben sie von vornherein in der zweiten Reihe, so ihr Resümee. Gerade hier aber gilt: Mut zum Risiko! Fehlendes Know-how kann man sich schließlich aneignen. Und wer wagt, so die Psychologen André und Lelord, gewinnt an Selbstbewusstsein.

Weder übersteigertes Selbstwertgefühl noch übertriebene Bescheidenheit sind auf dem Arbeitsmarkt gefragt. Ihre Aktivitäten in der Arbeitswelt werden umso erfolgreicher sein, wenn Sie selbstbewusst auftreten können. Das dafür notwendige Selbstvertrauen gewinnen Sie vor allem durch das Bewusstsein für Ihre eigenen Talente und Fähigkeiten.

4. Die Spielregeln des Arbeitsmarktes verstehen

Beruflicher Erfolg und die Spielregeln des Arbeitsmarktes sind erklärbar. Und wenn es so etwas wie eine Erfolgsformel gibt, dann lautet diese: Prioritäten setzen. Sie sind auf dem heutigen Arbeitsmarkt nicht mehr der klassische Arbeitnehmer auf der Suche nach einem klassischen Arbeitgeber, sondern Sie sind selbst ein Unternehmer – ein modernes Ein-Mann-/Eine-Frau-Dienstleistungsunternehmen. Lernen Sie also, unternehmerisch zu denken und zu handeln. Stichwort: gezieltes Marketing Ihrer Dienstleistung. Ihre Kunden, die Einkäufer Ihres Know-how, verhalten sich ebenfalls nach den Marktgesetzen.

Die drei wichtigsten Spielregeln sind:

- Konzentration ist besser als Verzettelung.
- Finden Sie den wirkungsvollen Ansatzpunkt, den »richtigen Dreh«.
- Entdecken Sie eine Marktlücke oder Nische.

Kein Sportler kann gleichzeitig Spitzenleistungen in Tennis, Schwimmen, Ski- und Radfahren erbringen. Und genauso verhält es sich auch in beruflicher Hinsicht: Die Eier legende Wollmilchsau ist ein Fabelwesen. Wer sich in seinen Vorhaben und Leistungen verzettelt, bleibt in seinen Ergebnissen lediglich durchschnittlich. »Nicht kleckern, sondern klotzen«, heißt die Devise! Stichworte: ausbauen – weiterentwickeln – perfektionieren. Es ist zwar noch kein Meister vom Himmel gefallen, aber Übung macht einen solchen. Konzentrieren Sie sich auf das, was Sie gerne machen und gut beherrschen. Mit dem Lerngewinn wächst auch Ihre Problemlösungskompetenz und durch Ihr permanentes Training werden Sie tatsächlich immer besser. Konzentrieren Sie sich also auf ein berufliches Ziel und erliegen Sie nicht der Versuchung, zu vielen Ideen nachzujagen, um sich dabei zu verzetteln. Bedenken Sie: In der Ruhe liegt die Kraft. Orientieren Sie sich zuerst, planen Sie sorgfältigst und setzen Sie dann Ihr Vorhaben mit aller Kraft um.

Stellen Sie sich einen riesigen Stapel Dosen vor. Wer hier naiv von unten zugreift und eine herausziehen will, riskiert den kompletten Einsturz. Die Sprengladung für einen hohen Industrieschornstein wird dagegen am untersten Ende angesetzt werden müssen, um das zu erreichen, was man bei den Dosen verhindern will.

Auf den wirkungsvollsten Punkt kommt es also an, auf die volle Konzentration der Kräfte. Entscheidend ist weniger wie, sondern wo man zuschlägt. Sie erinnern sich an die Erzählung von David und Goliath, in der es dem kleinen David gelang, den um vieles stärkeren Riesen Goliath zu besiegen. Er konzentrierte seine Kräfte und zielte mit seiner Steinschleuder auf die Stirn seines Gegners. Wenn man sich also strategisch auf den richtigen, den wichtigsten oder wirkungsvollsten Ansatzpunkt konzentriert, lösen sich die Probleme fast wie von selbst.

Vielleicht liegt der wichtigste Schlüssel zum beruflichen Erfolg in der richtigen Idee, Entscheidung oder Erkenntnis: Hier wird etwas dringend gebraucht und genau das kann ich anbieten, genau auf diesem Sektor bin ich wirklich gut. Diese zündende Idee zu finden ist zugegebenermaßen nicht ganz einfach. In der heutigen Wirtschaft gibt es Marketingabteilungen, die sich speziell mit diesem Problem beschäftigen. Es geht darum, Bedürfnisse der Konsumenten zu entdecken, gegebenenfalls auch neu zu wecken, um diese dann erfolgreich bedienen zu können.

Neben der Konzentration der eingesetzten Energie, angesetzt am wirkungsvollsten Punkt und Moment, kommt es immer auch auf die Entdeckung eines Bedürfnisses an, einer Engpass-Situation, eines Mankos. Wenn Sie mit Ihren beruflichen Fähigkeiten auf einem speziellen Gebiet bei Ihrer Zielgruppe, dem Arbeitsplatzanbieter, auf ein unbefriedigtes Bedürfnis stoßen, in genau einem von Ihnen gut beherrschten Tätigkeitsbereich, dann bekommen Sie den Job. Mit anderen Worten: Wenn Sie den richtigen Schlüssel für ein Problem Ihrer Zielgruppe haben, wird – je besser Ihr Schlüssel passt und je brennender das Problem Ihrer Zielgruppe ist – Ihr beruflicher Marktwert enorm steigen. Wer wichtige, essenzielle Probleme seiner Zielgruppe zu lösen vermag, bekommt Jobangebote.

Sie werden im Verlauf des Buches immer wieder auf die Tatsache stoßen, dass derjenige in der Arbeitswelt erfolgreich ist, der weiß, was er will und was er kann und der dann auch noch in der Lage ist, sein Vorhaben in die Tat umzusetzen. Wenn Sie mit Entscheidungsträgern sprechen, sollten Sie ihnen etwas zu bieten haben. Kein Personaleinsteller hat Lust, seine Zeit zu vergeuden. Geben Sie einem potenziellen Arbeitsplatzanbieter das Gefühl, von einem Gespräch mit Ihnen zu profitieren. Stellen Sie dabei zunächst weniger Ihre Person als vielmehr Ihre Leistungen, Ihre Fähigkeiten, Ihre Qualitäten in den Vordergrund. Das hat nichts mit (Un-)Bescheidenheit, sondern sehr viel mit Intelligenz zu tun.

Entwickeln Sie die richtige Portion Ehrgeiz, den Erfolg potenzieller Arbeitsplatzanbieter zu steigern. Es sind auf dem Arbeitsmarkt Ihre Kunden. Für Ihre Kunden sollten Sie im eigenen Geschäftsinteresse nur das Beste wollen. So unternehmerisch gedacht, werden Sie für sich Erfolg verbuchen können.

Verabschieden Sie sich also von einem rein subjektiven Anspruchsdenken (»Ich will mindestens 3.000 Euro netto, ein dreizehntes Monatsgehalt, pünktlich um 17 Uhr gehen, ein modernes Büro ...«). Um ein berühmtes Zitat von John F. Kennedy abzuwandeln: Fragen Sie nicht, was das Unternehmen für Sie tun kann, sondern was *Sie* für das Unternehmen tun können.

Denken Sie nicht (länger): »Arbeit ist das, was ich von neun bis fünf mache, damit ich genug verdiene. Das Leben findet nach fünf und an den Wochenenden statt.« Die Vorstellung von Arbeit als Zwang und Freizeit als Vergnügen ist immer noch weit verbreitet und geht Hand in Hand mit dem naiven Wunsch, für wenig Arbeit möglichst viel Geld zu bekommen. Dass man mit dieser Einstellung im Berufsalltag weder glücklich noch erfolgreich wird, liegt auf der Hand. Wenn Sie sich jetzt also beruflich neu orientieren, sollten Sie dabei unbedingt Ihre Interessen berücksichtigen, Ihren wirklichen Neigungen nachgehen, denn sonst wird es Ihnen am nötigen Engagement, dem echten Enthusiasmus fehlen.

Und noch etwas ist sehr wichtig: Für Ihre eigene Person benötigen Sie jetzt eine Art Bewusstseinstraining und mentale Vorbereitung auf das von Ihnen zu identifizierende und dann auch angestrebte Berufsziel. Sie werden dabei auch Ihr Wissen um besondere Spezialkenntnisse erweitern, die Ihnen bei der Realisierung Ihres Vorhabens entscheidend helfen. Dazu ist aber eine intensive Auseinandersetzung mit Ihren Vorstellungen, inneren Werteinstellungen und realistischen wie unrealistischen Wünschen vorab unbedingt notwendig.

Allzu häufig werden gerade an diesem wichtigen Vorbereitungspunkt wirklich leichtfertige, furchtbare Fehler gemacht, die ein berufliches Vorhaben unsäglich be-, manchmal sogar verhindern. Mit anderen Worten: Viele scheitern nicht etwa, weil ihnen die wichtigen beruflichen Kenntnisse fehlen oder gar die notwendige berufliche Leistungsmotivation. Nein, sie scheitern am Auswahlverfahren. Es fehlen ihnen elementare Kenntnisse, wie sie sich beispielsweise in einer Bewerbungssituation richtig zu verhalten haben, um ihr Gegenüber zu überzeugen und zu gewinnen.

5. Unterstützung mobilisieren

Sie werden das Projekt Potenzialanalyse und damit verbunden die Berufszielfindung und letztlich Jobsuchstrategien kaum ohne Hilfe durch andere meistern. Sie brauchen moralische, eventuell auch (im)materielle Unterstützung. Vielleicht kennen Sie einige Ihrer Stärken bereits; wissen, dass Sie leistungsfähig und qualifiziert sind. Es hilft, dies aber auch von anderen zu hören. Sie brauchen Menschen in Ihrer Umgebung, die sagen: »Du kannst das!«, die Sie immer wieder ermutigen, gelegentlich aber auch kritisch begleiten.

Intensivieren Sie Kontakte zu denjenigen in Ihrem Bekanntenkreis, die genau wie Sie gerade Erfolg versprechend am eigenen beruflichen Ein- oder Aufstieg arbeiten, denn hier können Sie mit konstruktiver Hilfe rechnen. Wenn die meisten Ihrer Schul-, Ausbildungs- oder Studienfreunde schon seit Jahren in ihren Wunschberufen arbeiten und Karriere machen, ist das wunderbar – vor allem für Ihre Freunde. Natürlich können diese Freunde Ihnen als Vorbilder dienen; Ihnen zeigen, was möglich ist und wie es geht. Weil es den Erfolgsverwöhnten letztlich aber an Verständnis für Ihre derzeitige Situation fehlt, wird die entscheidende Motivation für Ihre Potenzialanalyse und die sich daraus ergebenden neuen beruflichen Aktivitäten jedoch sehr wahrscheinlich nicht aus diesem Kreis kommen.

Erkenntnis: Auf Ihre Einstellung kommt es an

Menschen sind aus verschiedenen Gründen unzufrieden mit sich und ihrer beruflichen Situation: Vielleicht hatten sie nicht die Möglichkeit, die Arbeitsaufgaben, das berufliche Umfeld zu wählen, bei denen ihre Fähigkeiten und Interessen mit ihrem Berufsziel übereinstimmten; sie haben keine Aufstiegschancen, sind gelangweilt und unproduktiv; sie verdienen zu wenig; sie wollen einen anderen Karriereweg einschlagen; die Vorstellungen und Ziele des Arbeitsplatzanbieters sind nicht mit den eigenen zu vereinbaren; sie klammern sich nur an ihre Beschäftigung, weil sie das Geld zum täglichen Leben brauchen.

Aus diesen Gründen wechseln jedes Jahr Millionen von Menschen ihren Arbeitsplatz, aber mindestens genauso viele, wenn nicht sogar deutlich mehr, eben auch nicht. Sie sehen also, dass Ihr Wunsch nach Veränderung durchaus zu realisieren ist, wenn auch nicht ganz einfach. Finden Sie heraus, was Sie wirklich wollen, sammeln Sie Ihre Kräfte und konzentrieren Sie sich auf die Strategie, die Sie an Ihr berufliches Ziel bringt.

Erfolg kommt selten von allein. Natürlich helfen Glück und Zufälle, aber besonders durch die gute, gezielte Vorbereitung können Sie Ihre Erfolgschancen gewaltig verbessern. Der Spruch »Je härter man arbeitet, desto mehr Glück hat man« gilt auch für die Orientierungs- und Arbeitsplatzsuche. Und das ist eine Vollzeitbeschäftigung. Wenn Sie nicht täglich mehrere Stunden Zeit dafür investieren, suchen Sie nicht richtig und machen sich selbst nur etwas vor.

Wenn Sie arbeitslos sind, sollten Sie deutlich zeigen, dass Sie bestrebt sind, Ihre Situation zu ändern. Denken Sie daran, dass es ganz besonders auch von Ihrer eigenen Einstellung abhängt, wie sich Ihre Mitmenschen Ihnen gegenüber verhalten. Ganz ehrlich: Für Schwarzseher bleiben die Orientierungsphase, eine Potenzialanalyse und die sich anschließende Arbeitsplatzsuche wirklich von vornherein ziemlich erfolglos.

Es hängt also von Ihrer inneren Einstellung ab, wie lange es dauert, bis Sie wirklich wissen, was Sie wollen, einen für sich optimalen Arbeitsplatz finden und letztendlich die berufliche Position erobern, die Sie erreichen wollten.

Was zählt: Mut, Unabhängigkeit und Weitsicht

Sehr wahrscheinlich arbeiten Sie primär für die Absicherung Ihres Lebensunterhalts. Darüber hinaus erwarten Sie von Ihrer Arbeit für sich Zufriedenheit und Bestätigung. Da sich aber heute die Anforderungen in jedem Beruf sehr schnell verändern, sollten Sie Ihre berufliche Tätigkeit immer auch als Lernerfahrung betrachten. Sie werden ständig dazulernen müssen. Seien Sie darauf nicht nur (passiv) vorbereitet, sondern (aktiv) wissbegierig. Beweisen Sie jedem potenziellen Arbeitsplatzanbieter, wie sehr Sie an neuen Aufgaben interessiert sind und wie schnell Sie lernen und dadurch sich auch in völlig neue Aufgabenfelder einarbeiten können.

In früheren Zeiten gab es mehr Arbeitsplätze und -aufgaben, mit denen eine direkte Anerkennung und Bestätigung verbunden war. Im Zeitalter der Globalisierung und der voranschreitenden Entfremdung können Sie nur noch von wenigen Arbeitgebern direktes Lob und Wertschätzung erwarten. Gerade in größeren Unternehmen werden Sie vermutlich auf diese Art von »Belohnung« verzichten müssen.

Umso wichtiger ist es, sich eine Arbeit zu suchen, die Ihre Selbstachtung und Ihr Selbstwertgefühl durch inhaltliche Erfolge stärkt. Lassen Sie sich lieber nicht auf Arbeiten ein, bei denen die einzige Anerkennung im Lob des Abteilungsleiters liegt. Bevor Sie also Ihre Arbeitssuche beginnen, sollten Sie daher gut überlegen, welche Art von Arbeit Ihnen durch das bloße Tun Spaß machen und Befriedigung geben würde. Deshalb führt kein Weg an einer Analyse Ihrer beruflichen Potenziale vorbei.

Sie können sich sehr vorsichtig oder mit vollem Enthusiasmus auf den Arbeitsmarkt begeben. Wenn Sie widerwillig an die Suche herangehen, gleich eine Lebensstellung erwarten und partout Überraschungen vermeiden wollen, wird sich Ihre Arbeitssuche garantiert als äußerst schwierig erweisen und Sie werden sich möglicherweise zu einem späteren Zeitpunkt sogar mit den langweiligsten Aufgaben begnügen müssen.

Warten Sie jedoch bloß nicht auf den »absolut richtigen Zeitpunkt« für Ihren Karriere- beziehungsweise Berufswechsel, denn den gibt es nicht. Die Lage wird immer schwierig sein; immer werden Sie Hindernisse überwinden müssen; immer erwartet Sie eine unkalkulierbare Herausforderung.

Falls Sie nicht Single sind, sollten Sie in jedem Fall gemeinsam mit Ihrer Familie überlegen, welche Auswirkungen ein Arbeitsplatz- oder Berufswechsel haben kann. Wie denkt Ihre Familie über Ihre Pläne? Werden Ihre gemeinsamen Ersparnisse aufgebraucht? Wird sich der Lebensstandard ändern? Sind alle Betroffenen gegebenenfalls zu Opfern bereit?

Wenn Sie nicht arbeitslos sind, müssen Sie entscheiden, ob Sie kündigen wollen, bevor Sie Ihre neue Berufsentwicklung, Ihre neue Karriere beginnen. Die meisten Bewerbungsratgeber beginnen mit einer Warnung an den Leser: »Kündigen Sie Ihren Arbeitsplatz nicht, bevor Sie einen neuen Arbeitsvertrag unterschrieben in der Hand halten. Mag der momentane Frust bei Ihrem jetzigen Job auch noch so groß sein – handeln Sie nicht unüberlegt.« Wir ersparen uns und Ihnen hier diese mahnenden Worte. Sie werden wissen, was Sie tun, und dies auch verantworten können.

Wünsche, Ziele, Hintergründe

Warum sollten wir Sie nicht zuallererst nach Ihren Wünschen fragen? Warum sollten Sie sich eigentlich nicht mit Ihren Träumen auseinandersetzen? Vielleicht lächeln Sie jetzt und denken sich: »Wünsche oder Träume habe ich viele, aber die kann mir ja doch keiner erfüllen«, und halten diese Vorgehensweise für ziemliche Zeitverschwendung. Wahrscheinlich glauben Sie sogar, diese Frage schnell beantworten zu können. Aber je länger Sie darüber nachdenken, Ihre persönlichen und beruflichen Ziele reflektieren, desto verschwommener und widersprüchlicher wird vermutlich das Bild, das Sie entwerfen. Aus diesem Grund sollten Sie sich besonders für diesen Aspekt genügend Zeit nehmen.

Wenn Sie gerade arbeitslos sind oder sich in einer finanziellen Notsituation befinden, mag Ihnen die Frage »Was wünsche ich mir?« geradezu luxuriös erscheinen. In diesem Fall wird Ihre Antwort vermutlich kurz und bündig »Arbeit und damit Geld« lauten.

Trotz eventueller Probleme und berechtigter Sorgen ist eine intensive Auseinandersetzung mit den persönlichen Wünschen und Zielvorstellungen immer sinnvoll. Die resignativ-depressive Haltung »In meiner Situation nehme ich jede akzeptable Arbeit an« verbessert die beruflichen Zukunftsaussichten absolut nicht, so subjektiv verständlich sie auf den ersten Blick auch erscheinen mag.

Übung

Bei der Frage »Was wünsche ich mir?« sind private und berufliche Wünsche und Ziele mit all ihren Überschneidungsmöglichkeiten zu unterscheiden. Stellen Sie sich einmal vor, Sie treffen auf eine gute Fee, die Ihnen drei Wünsche gewährt. Jetzt und ganz spontan: Was wünschen Sie sich? Lesen Sie nicht weiter, legen Sie das Buch für einen kurzen Moment aus der Hand. 10 bis 20 Sekunden müssten ausreichen, um drei Wünsche zu formulieren und kurz zu Papier zu bringen. Das Aufschreiben ist bei dieser kleinen Übung unbedingt wichtig. Tun Sie es also gleich hier:

Meine drei Wünsche

1. ______________________________

2. ______________________________

3. ______________________________

Nun, was haben Sie zu Papier gebracht? Frieden für die ganze Welt, nirgendwo Hunger, Gesundheit für alle und/oder für Sie ganz persönlich und Ihre Lieben ein erfülltes Leben, Liebe und Zuneigung? Sollten Ihre drei Wünsche in diese eher allgemeine Richtung gehen und nicht stärker auf Ihre ganz persönlichen Bedürfnisse, ehrt Sie das, aber es bringt Sie zunächst nicht weiter. Es geht bei dieser Aufgabe darum, was Sie sich persönlich wünschen, was Sie für Ihr Leben gerne hätten. Vielleicht versuchen Sie es gleich noch mal, falls Ihre Wünsche zu altruistisch waren.

Sollte jetzt auf Ihrem Wunschzettel an erster Position ein geliebter Mensch stehen (z. B. ein neuer/alter Partner, Kinder etc.), fällt deutlich auf, dass vor einem beruflichen Wunsch noch andere Dinge oder Personen Ihr Bewusstsein »besetzen«. Dies wäre auch der Fall, wenn es sich um Gegenstände (Luxusobjekte wie Supervilla, Jacht, Auto etc.) handelte. Sollten Sie sich sehr direkt »Geld in Mengen« gewünscht haben, kommen wir einer Motivationsorientierung schon deutlich näher.

Was immer Ihre drei Wünsche sind, vielleicht versuchen Sie es jetzt zunächst einmal mit drei deutlich berufsbezogenen Wünschen:

Meine drei berufsbezogenen Wünsche

1. ______________________________

2. ______________________________

3. ______________________________

Was Sie geschrieben haben (egal, ob es der Wunsch ist, Ihr schrecklicher Kollege oder der böse Chef möge so schwer erkranken, dass er nie wieder zur Arbeit kommt, oder Sie wachen morgens auf und haben einen Doktortitel vor Ihrem Namen …), es lohnt sich, jetzt und zukünftig immer wieder darüber nachzudenken. Sie werden im Laufe der Zeit feststellen: Ihre Wünsche verändern sich, die Prioritäten, die Inhalte, die Form wandelt sich. Suchen Sie sich einen vertrauenswürdigen Menschen, mit dem Sie darüber ins Gespräch kommen. Sie werden von diesem Reflexionsprozess profitieren. Schreiben Sie Ihre Gedanken und eventuell den Stand der Diskussion auf und heften Sie alles in den Orientierungs-Ordner (Double O, Sie wissen schon …). Sie werden Gelegenheit haben, sich wiederholt mit diesen Fragen auseinanderzusetzen.

Übung

Zur nächsten Übung: Stellen Sie sich vor, Sie hätten gerade Ihre Schulausbildung hinter sich, seien fertig und frei. Sie sind jung, verfügen aber über das Wissen und die Erfahrung, die Sie jetzt schon gemacht haben. Die Welt steht Ihnen offen. Was würden Sie tun? Bitte schreiben Sie auch diese Gedanken auf einem DIN-A4-Papier gesondert auf und nehmen Sie sich dafür etwas Zeit (etwa 30 Minuten).

Vielleicht ist es gut, dieses Papier zunächst einmal in den OO abzuheften und nichts damit zu machen. Das dürfte Ihnen aber schwerfallen, denn jetzt sind auch Fantasien angeregt worden – was hätte sein können, wenn ... Beschäftigen Sie sich später mit diesem Papier und Ihren Vorstellungen. Sie werden Ihnen helfen, eine neue Richtung für Ihre beruflichen Aktivitäten zu finden.

Wir kommen darauf zurück. Denn schon wartet eine viel größere Übung und Herausforderung auf Sie:

Übung

Schauen Sie sich noch einmal Ihre Antworten auf die »acht Fragen, die Ihr Leben verändern könnten« (S. 12 f.) an. Zum weiteren, intensiven Einstieg in die Thematik empfehlen wir Ihnen, sich mit den folgenden, jetzt etwas erweiterten Überlegungen David Maisters zu befassen. Sie sind von elementarer Wichtigkeit.

- Sie können nicht wissen, was Sie von Ihrem Berufsleben erwarten, wenn Ihnen nicht klar ist, was Sie von Ihrem Leben erwarten.
- Suchen Sie sich keinen Arbeitsplatz, bevor Sie nicht wirklich darüber nachgedacht haben, was Erfolg für Sie bedeutet.

- Bestimmen Sie zuerst, was Sie im Leben erreichen wollen, und machen Sie sich erst dann auf den Weg zu Ihren Zielen.
- Man kann schnell einer (Selbst-)Täuschung anheimfallen, wenn es um die Frage geht: Was erwarte ich vom Leben? Also denken Sie nochmals gut darüber nach, was Sie wirklich erwarten.
- Viele Leute um Sie herum sagen Ihnen, was Sie vom Leben erwarten sollten: Ihre Partner, Eltern, Lehrer, älteren Geschwister, Freunde. Sie müssen die Ratschläge anderer Menschen für sich nicht akzeptieren. Gehen Sie bewusst und mutig Ihren eigenen Weg.
- Die meisten Menschen sind permanent bemüht, andere Menschen zu beeindrucken. Finden Sie heraus, wen Sie beeindrucken wollen und warum.
- Man kann nicht alle Menschen gleich beeindrucken. Manche sind durch Geld, Status, Intellekt, Charakter, Fertigkeiten und so weiter zu überzeugen. Weshalb wollen Sie bewundert werden und von wem? Wir wünschen uns alle Beachtung und Wertschätzung. Die Frage ist nur, in wessen Augen und auf welche Weise.
- Keiner spricht gerne offen von seinen Wünschen, beispielsweise »stinkreich« werden zu wollen, immer im Mittelpunkt des Interesses zu stehen, von allen bewundert, gar verehrt oder geliebt zu werden oder Macht ausüben zu können. Überwinden Sie sich und gestehen Sie sich schonungslos ein, was Sie in der Öffentlichkeit nicht so gerne zugeben würden. Es hilft Ihnen herauszufinden, worum es Ihnen wirklich geht.
- Sorgen Sie sich nicht, ob Sie eine berufliche Aufgabe gut lösen können. Wenn es die richtige Herausforderung für Sie ist, wenn Sie Spaß und Erfüllung dabei empfinden, werden Sie diese Aufgabe schon gut bewältigen.

Setzen Sie sich unbedingt mit diesen Überlegungen und Thesen auseinander. Es lohnt sich, länger darüber nachzudenken.

Auch die weiteren Fragen in der nächsten Übung werden Ihnen bei Ihrer Potenzialanalyse und beruflichen Zielfindung helfen. Am meisten werden Sie davon profitieren, wenn Sie sich die Zeit nehmen, alle Fragen schriftlich und sehr ausführlich zu beantworten.

Bestandsaufnahme

Übung

Zur persönlichen Situation:

- Was haben Sie bisher in Ihrem Leben erreicht?
- Was haben Sie bisher trotz guter Vorsätze nicht erreicht und warum nicht?
- Was missfällt Ihnen an Ihrer jetzigen persönlichen Situation?
- Was möchten Sie an Ihrer jetzigen persönlichen Situation am schnellsten ändern und was kann noch warten?
- Wie sieht Ihre Partner-/Familiensituation aus? Gibt es da größere Probleme?
- Wer fördert beziehungsweise behindert Sie in Ihrer persönlichen Entwicklung?
- Welchen Einfluss auf Ihre persönlichen Zielvorstellungen und Entscheidungen haben Ihr(e) Partner(in), Ihre Kinder, Freunde und andere Bezugspersonen?
- Welche Ihrer persönlichen Eigenschaften und Fähigkeiten sind für Ihre Mitmenschen besonders wertvoll und wichtig?
- Welchen Einfluss hätte Ihre angestrebte Berufstätigkeit vermutlich auf Ihr Privatleben, und welchen Einfluss hat Ihr Privatleben umgekehrt auf Ihren Beruf?

- Welche persönlichen Gründe sprechen gegen einen Arbeitsplatz-, Branchen- oder Berufswechsel?
- Welche persönlichen Gründe sprechen gegen einen Ortswechsel?
- Fühlen Sie sich einer deutlichen Veränderung des Lebensumfeldes gewachsen?

Zur beruflichen Situation:

- Was haben Sie bisher beruflich erreicht?
- Was haben Sie bisher trotz aller Vorsätze beruflich nicht erreicht? Woran lag das?
- Wie entsteht bei Ihnen berufliche Zufriedenheit oder Unzufriedenheit?
- Was missfällt Ihnen an Ihrer jetzigen beruflichen Situation?
- Was möchten Sie an Ihrer jetzigen beruflichen Situation am schnellsten ändern, und was kann noch warten?
- Welche Ihrer beruflichen Kenntnisse und Fähigkeiten sind für Ihren zukünftigen Arbeitgeber und Ihre Kollegen besonders wertvoll und wichtig?
- Fühlen Sie sich in beruflicher Hinsicht zurzeit eher über- oder unterfordert?
- Welche Gründe gibt es dafür?
- Wie kommen Sie mit Ihren Vorgesetzten und Kollegen aus?
- Welche beruflichen Förderer und »Steine-in-den-Weg-Werfer« haben Sie?
- Wer könnte das in Zukunft sein?
- Welche Position streben Sie an?
- Wie viel wollen Sie verdienen?
- Welche Chancen für Entwicklung und Aufstieg haben Sie an Ihrem jetzigen Arbeitsplatz?
- Wie sind die generellen Zukunftsaussichten an Ihrem Arbeitsplatz (in Ihrer Branche, in Ihrem Beruf)?

- Welche beruflichen Schwierigkeiten sehen Sie in der Zukunft für sich?
- Sind Sie mit den Leistungen (Bezahlung, Sozialleistungen, Extras) Ihres jetzigen Arbeitgebers zufrieden?
- Welchen Einfluss auf Ihre beruflichen Zielvorstellungen und Entscheidungen haben Ihr(e) Partner(in), Ihre Kinder, Freunde und andere Bezugspersonen?
- Welche Gründe sprechen für einen beruflich begründeten Ortswechsel?
- Sind Sie flexibel?
- Trauen Sie sich zu, eine völlig neue berufliche Aufgabe zu übernehmen?

Nochmals: Beantworten Sie die Fragen schriftlich und versuchen Sie, aus den Antworten zu jeder einzelnen Frage Schlüsselworte zu entwickeln, die Ihr Ziel kurz und prägnant beschreiben. Abstrahieren Sie dabei ruhig, verkürzen und vereinfachen Sie gegebenenfalls und bringen Sie die für Sie ganz persönlich wichtigen Dinge auf den Punkt.

Eine Rangfolge der Wünsche und Zielvorstellungen hilft Ihnen, Prioritäten zu erkennen und Schwerpunkte zu bilden. Eine solche persönliche und berufliche Situationsanalyse verschafft Ihnen Klarheit und hilft Ihnen beim Abwägen von Gründen für oder gegen einen Arbeitsplatz, der vielleicht völlig andere Aufgaben als die zurzeit von Ihnen bewältigten beinhaltet. Wichtig dabei ist auch die neu gewonnene verbale Kompetenz in Bezug auf die Fragen »Was wollen Sie eigentlich, wie sehen Ihre Ziele aus?« und »Was ist wirklich wichtig für Sie?

Alles in allem: viel Material für Ihren Double O.

Persönlichkeit, Eigenschaftsmerkmale – Wer bin ich?

Das Allerweichste auf Erden
überwindet das Allerhärteste in der Welt.

Lao-tse

Experten schätzen, dass über 90 Prozent aller gescheiterten Beschäftigungsverhältnisse nicht aufgrund fachlicher Defizite, also einer schlechten Kompetenzperformance beendet werden, sondern wegen Unstimmigkeiten, die im zwischenmenschlichen Bereich anzusiedeln sind. »Manche Facetten beruflicher Leistungsmerkmale wie Führung, Engagement oder Disziplin lassen sich durch Persönlichkeitsmerkmale besser prognostizieren«, erklärt uns die Wissenschaft und definiert die entscheidenden fünf großen Persönlichkeitsfaktoren, nach denen Menschen eingeschätzt werden, mit

- Extraversion,
- emotionaler Stabilität,
- Offenheit für neue Erfahrungen,
- Gewissenhaftigkeit und
- Verträglichkeit.

Aus genau diesem Grund werden Persönlichkeitsmerkmale, sogenannte Soft Skills, immer wichtiger in der Arbeitswelt. In ihrer Bedeutung überragen sie reine Fachkenntnisse und lediglich hoch entwickelten Sachverstand. Das bedeutet nicht, dass auf das »Können« gänzlich verzichtet werden könnte, jedoch kommt der sozialen Kompetenz in der Arbeitswelt eine immer größer werdende Bedeutung zu.

Unter sozialer Kompetenz versteht man primär die Fähigkeit, die zwischenmenschlichen Beziehungen, sei es nun verbal oder nonverbal, konstruktiv und für alle Beteiligten zufriedenstellend zu gestalten. Das Fundament der sozialen Kompetenz bildet dabei die sogenannte soziale Intelligenz. Der Intelligenzforscher Edward L. Thorndike definierte diese bereits in den 1920er Jahren als »die Fähigkeit, andere zu verstehen und in menschlichen Beziehungen klug zu handeln«.

Soziale Intelligenz ist also die Sensibilität, auf Stimmungen, Motive und Intentionen anderer Menschen eingehen zu können und diese menschlich-kreativ weiterzuverarbeiten. Sie kann als interpersonelle oder zwischenmenschliche Intelligenz angesehen werden und ist damit eine Art Treibstoff für Ihr Beziehungsgeflecht.

Besonders in der sich stetig weiterentwickelnden Dienstleistungs- und Informationsgesellschaft nimmt die soziale Kompetenz eine immer bedeutsamere Schlüsselposition ein, da zunehmend der Mensch selbst zum zentralen Wirtschaftsprodukt wird. Kommunikationsfähigkeit, Teamgeist, Sensibilität und Networking sind dabei, wieder den Stellenwert in den beruflichen Anforderungen einzunehmen, den sie einst vor der industriellen Revolution besaßen.

Kommunikations-, Beziehungsfähigkeit und die Fähigkeit, Sympathie zu mobilisieren, sind die wichtigsten Soft Skills in der modernen Arbeitswelt. PR in eigener Sache, Beziehungspflege, sympathisches Auftreten und kommunikative Intelligenz sind Verhaltensmerkmale, auf die es immer mehr ankommt. Die Fähigkeit zum Small Talk beispielsweise ist dabei ein ganz wichtiger Baustein für denjenigen, der beruflich, aber auch sonst im Leben Erfolg haben will.

Etwas plakativ gesagt: Wer das Richtige im rechten Moment zu sagen weiß, ist im Vorteil und profitiert – im Leben ganz allgemein und in der Arbeitswelt im Besonderen. Bei der Wahrnehmung von Karrierechancen ebenso wie bei der Realisierung von Geschäftserfolgen spielt die soziale Kompetenz, der geschickte Umgang mit dem anderen, eine immer größere Rolle.

Man kann es auch Beziehungsmanagement nennen, die Art also, wie man mit anderen Menschen umgeht, stellt die Weichen. Denn: Ob auf Konferenzen oder Messen, bei Verhandlungen oder Geschäftsessen, in der Abfluglobby oder im ICE – wem es gelingt, auf angenehm ungezwungene Weise Kontakte zu seinen Mitmenschen herzustellen, eine gute Atmosphäre zu schaffen und sich sympathisch und souverän zu präsentieren, der hat schon mehr als nur halb gewonnen.

Selbstanalyse – Das Erfolgsgeheimnis Ihrer Orientierungsarbeit

Wissen Sie eigentlich, wie Sie sind und wie Sie gesehen werden? Mit welchen drei bis fünf Adjektiven können Sie sich, Ihre Wesensart, Ihre wichtigsten Persönlichkeitsmerkmale einem anderen Menschen gegenüber angemessen beschreiben? Welche Adjektive fallen Menschen spontan ein, die Sie kennen? Wie charakterisieren sie Ihre guten und schlechten persönlichen Eigenschaften? Sehen Menschen in Ihrer Umgebung Sie eventuell ganz anders? Finden Sie es heraus. Tauchen Sie tief ein in die Wesensart, die Ihre Persönlichkeit ausmacht. Je besser Sie wissen, wie Sie sind, wie andere Sie erleben und einschätzen, desto besser kommen Sie bei der Suche nach beruflichen Zielen und den entsprechenden Arbeitsaufgaben voran.

Etwa 300 Adjektive gibt es, die Personalentscheider für relevant erachten. Ihnen fällt hoffentlich mehr ein als nur *fleißig, flexibel* und *verantwortungsbewusst.*

Zunächst sollten Sie Ihre besonderen persönlichen Qualitäten für sich selbst herausfinden und abklären. Von Ihren Persönlichkeitsmerkmalen beziehungsweise Charaktereigenschaften hängt es vor allem ab, wie Sie an Aufgaben, an Problembearbeitungen herangehen. Das interessiert auch einen potenziellen Arbeitsplatzanbieter.

Persönliche Stärken sind – im Gegensatz zu (an)gelernten Fähigkeiten – (noch stärkere) Auslegungssache. Da es schwierig ist, sie in Worte zu fassen, sollten Sie diese genau abklären, bevor Sie etwas darüber mitteilen (z. B. in Ihrem Lebenslauf oder im Vorstellungsgespräch). Herausragend positive Eigenschaften allein machen Sie jedoch nicht gleich zur Führungskraft. Dennoch sind es meist diejenigen, die bereit sind, über sich und ihre Stärken zu sprechen, die uns und andere inspirieren. Eigenschaften übrigens (hier als Substantiv), auf die es sich immer hinzuweisen lohnt, sind *Mut, Kreativität, Ausdauer, Anpassungsfähigkeit, Motivationskraft* und *Durchsetzungsvermögen.*

Die Art und Weise, wie Sie an Aufgaben herangehen, ist für Arbeitsplatzanbieter, die Käufer Ihrer Arbeitskraft, stets interessant. Man kann in diesem Zusammenhang auch von Temperament oder Charakterzügen sprechen. Arbeitgeber suchen Bewerber, die voller Energie sind, auf Details achten, sich gut mit Kollegen verstehen, Entschlossenheit zeigen, gut unter Druck arbeiten können, sympathisch, intuitiv, beharrlich, dynamisch und verlässlich sind.

Das Problem bei vielen Arbeitssuchenden ist nicht allein die Form ihrer Bewerbungsunterlagen – obwohl diese häufig verbesserungswürdig ist –, sondern der oftmals recht dürftige Inhalt. Wer sich um Arbeitsaufgaben bewirbt, kennt sich häufig selbst nicht gut und weiß nicht oder viel zu wenig, was er anzubieten hat. Deshalb ist es enorm wichtig zu überlegen, wie man ist und welche Persönlichkeitseigenschaften einen auszeichnen, neben dem, was man richtig gut kann, was die eigenen Interessen und was die Bedürfnisse des Arbeitgebers sind.

In Ihrer besonderen Mischung aus Persönlichkeitsmerkmalen, aus Anlagen, Interessen, Neigungen, erlernten Fähig- und Fertigkeiten sind Sie wirklich einzigartig. Vielleicht wissen Sie das bloß noch nicht und sind hiermit nicht allein. Bei den meisten herrscht doch eher das Gefühl vor: »Das kann ich nicht. Andere sind besser als ich.« Viel zu viele werden von ihren Schwächen kontrolliert, statt stolz auf sich und ihre Fähigkeiten zu sein.

Einzigartigkeit hat viele Formen und braucht keine Bestätigung von außen. Sie müssen nur bereit sein, sich selbst intensiv zu erforschen und das Ergebnis angemessen selbstsicher und auch ein bisschen stolz zu präsentieren. Schämen Sie sich nicht dafür, dass Sie eine Persönlichkeit sind, die etwas anzubieten hat. Weg mit falscher, anerzogener Bescheidenheit und einer Sie furchtbar behindernden Schüchternheit. Auch wenn Sie sich überhaupt nicht so fühlen: Tun Sie so, als ob Sie aus einer Position der Stärke heraus auftreten. Sie werden für viel stärker und fähiger gehalten, als Sie es sich je erträumt haben. Lernen Sie so, über das (zunächst noch schwache) Eigen-Bild hinauszuwachsen, das Sie von sich selbst haben, und nähern Sie sich den Eigenschaften, die Sie für andere wichtig, ja sogar wertvoll machen. Diese Selbstanalyse ist zwar ein schwieriger

Teil Ihrer neuen Arbeitsidentität und Arbeitsplatzsuche, aber durchaus zu bewältigen. Und: Das bringt Sie wirklich voran!

Was für ein Mensch bin ich?

Übung

Nennen Sie zum Einstieg in diesen Fragenkomplex jetzt innerhalb einer Minute ganz spontan drei Adjektive, die wichtige Merkmale Ihrer Persönlichkeit charakterisieren.

Ich bin: 1. ______________________________

2. ______________________________

3. ______________________________

Bitte lesen Sie nicht weiter, bis Sie drei Adjektive aufgeschrieben haben. Gar nicht so einfach, oder? Sind Sie mit Ihrer Wahl zufrieden? Beschreiben diese Adjektive wirklich zentrale Eigenschaften Ihrer Persönlichkeit? Und können Sie sich einer anderen Person mit dieser spontanen Auswahl stimmig präsentieren?

Für die Selbsteinschätzung haben wir eine umfangreiche Liste von Persönlichkeitsmerkmalen zusammengestellt. Wenn Sie sich über die Frage »Wer bin ich?« detailliert Gedanken gemacht haben, werden Sie merken, dass sich Ihre psychische Ausgangsposition festigt und Sie besser in der Lage sind zu beurteilen, was beruflich zu Ihnen passen könnte und was nicht. Denken Sie daran: Sie müssen bei dieser Selbstbeurteilungsliste nicht um jeden Preis gut abschneiden und sich niemandem gegenüber rechtfertigen. Es geht zunächst allein um Ihre persönliche Einschätzung.

Um die Ausprägung einzelner Persönlichkeitseigenschaften besser einschätzen zu können, gibt es für jedes Adjektiv eine Skala von +3 bis −3: Die Extrempole sind +3 (= sehr stark ausgeprägt bzw. vorhanden) und −3 (sehr schwach ausgeprägt, kaum oder gar nicht vorhanden). Die Mitte liegt bei 0 (teils/teils, weder/noch, ganz normal vorhanden, unauffällig).

Zunächst einmal geht es nur um Ihre Selbsteinschätzung. Später, in einem zweiten Schritt, bitten Sie eine andere Person, Sie einzuschätzen. (Sie sollten daher die Liste vorab kopieren oder zunächst mit einem Bleistift ausfüllen.) Der Vergleich beider Ergebnisse liefert Ihnen bestimmt interessante Aufschlüsse über mögliche Differenzen von Selbst- und Fremdwahrnehmung. Vielleicht wirken Sie beispielsweise viel furchtloser, als Sie sind. Oder Sie halten sich für nicht besonders ordentlich, werden aber als durchaus gut organisiert wahrgenommen.

Wie schätzen Sie sich ein? Bitte kreuzen Sie bei jeder Eigenschaft an, wie ausgeprägt diese Ihrer Meinung nach bei Ihnen ist:

+3 = sehr stark ausgeprägt
+2 = deutlich ausgeprägt
+1 = etwas stärker als der Durchschnitt ausgeprägt
0 = normal, ganz durchschnittlich, unauffällig
−1 = eher weniger ausgeprägt
−2 = recht schwach ausgeprägt
−3 = sehr schwach oder gar nicht ausgeprägt

sympathisch	+3	+2	+1	0	−1	−2	−3
vertrauenswürdig	+3	+2	+1	0	−1	−2	−3
vorsichtig	+3	+2	+1	0	−1	−2	−3
lernbereit	+3	+2	+1	0	−1	−2	−3

lernfähig	+3	+2	+1	0	−1	−2	−3
leistungsorientiert	+3	+2	+1	0	−1	−2	−3
sorgfältig	+3	+2	+1	0	−1	−2	−3
aufgeschlossen	+3	+2	+1	0	−1	−2	−3
belastbar	+3	+2	+1	0	−1	−2	−3
ausdauernd	+3	+2	+1	0	−1	−2	−3
konformistisch	+3	+2	+1	0	−1	−2	−3
dominant	+3	+2	+1	0	−1	−2	−3
gerecht	+3	+2	+1	0	−1	−2	−3
fleißig	+3	+2	+1	0	−1	−2	−3
wankelmütig	+3	+2	+1	0	−1	−2	−3
zielstrebig	+3	+2	+1	0	−1	−2	−3
geduldig	+3	+2	+1	0	−1	−2	−3
gehemmt	+3	+2	+1	0	−1	−2	−3
vital	+3	+2	+1	0	−1	−2	−3
kompetent	+3	+2	+1	0	−1	−2	−3
flexibel	+3	+2	+1	0	−1	−2	−3
aktiv	+3	+2	+1	0	−1	−2	−3
wagemutig	+3	+2	+1	0	−1	−2	−3
gefühlsbetont	+3	+2	+1	0	−1	−2	−3
anspruchsvoll	+3	+2	+1	0	−1	−2	−3
passiv	+3	+2	+1	0	−1	−2	−3
liebenswert	+3	+2	+1	0	−1	−2	−3
gefühlsorientiert	+3	+2	+1	0	−1	−2	−3
impulsiv	+3	+2	+1	0	−1	−2	−3
durchsetzungsfähig	+3	+2	+1	0	−1	−2	−3
furchtsam	+3	+2	+1	0	−1	−2	−3
sachorientiert	+3	+2	+1	0	−1	−2	−3
fordernd	+3	+2	+1	0	−1	−2	−3
höflich	+3	+2	+1	0	−1	−2	−3
autoritär	+3	+2	+1	0	−1	−2	−3

pflichtbewusst	+3	+2	+1	0	−1	−2	−3
verantwortungsbewusst	+3	+2	+1	0	−1	−2	−3
zuverlässig	+3	+2	+1	0	−1	−2	−3
freundlich	+3	+2	+1	0	−1	−2	−3
nervös	+3	+2	+1	0	−1	−2	−3
rechthaberisch	+3	+2	+1	0	−1	−2	−3
ordnungsliebend	+3	+2	+1	0	−1	−2	−3
ehrlich	+3	+2	+1	0	−1	−2	−3
loyal	+3	+2	+1	0	−1	−2	−3
schwermütig	+3	+2	+1	0	−1	−2	−3
begeisterungsfähig	+3	+2	+1	0	−1	−2	−3
ordentlich	+3	+2	+1	0	−1	−2	−3
wählerisch	+3	+2	+1	0	−1	−2	−3
hartnäckig	+3	+2	+1	0	−1	−2	−3
entscheidungsfreudig	+3	+2	+1	0	−1	−2	−3
spontan	+3	+2	+1	0	−1	−2	−3
praktisch	+3	+2	+1	0	−1	−2	−3
beherrscht	+3	+2	+1	0	−1	−2	−3
risikobereit	+3	+2	+1	0	−1	−2	−3
selbstsicher	+3	+2	+1	0	−1	−2	−3
sensibel	+3	+2	+1	0	−1	−2	−3
selbstständig	+3	+2	+1	0	−1	−2	−3
offen	+3	+2	+1	0	−1	−2	−3
willensstark	+3	+2	+1	0	−1	−2	−3
zurückgezogen	+3	+2	+1	0	−1	−2	−3
misstrauisch	+3	+2	+1	0	−1	−2	−3
unkompliziert	+3	+2	+1	0	−1	−2	−3
fortschrittlich	+3	+2	+1	0	−1	−2	−3
überzeugungsstark	+3	+2	+1	0	−1	−2	−3
verständnisvoll	+3	+2	+1	0	−1	−2	−3
kontaktfähig	+3	+2	+1	0	−1	−2	−3

verlässlich	+3	+2	+1	0	−1	−2	−3
schlagfertig	+3	+2	+1	0	−1	−2	−3
gründlich	+3	+2	+1	0	−1	−2	−3
ausgeglichen	+3	+2	+1	0	−1	−2	−3
kreativ	+3	+2	+1	0	−1	−2	−3
erfinderisch	+3	+2	+1	0	−1	−2	−3
introvertiert	+3	+2	+1	0	−1	−2	−3
extrovertiert	+3	+2	+1	0	−1	−2	−3
anpassungsfähig	+3	+2	+1	0	−1	−2	−3
humorvoll	+3	+2	+1	0	−1	−2	−3
konservativ	+3	+2	+1	0	−1	−2	−3
präzise	+3	+2	+1	0	−1	−2	−3
kooperativ	+3	+2	+1	0	−1	−2	−3
unerschütterlich	+3	+2	+1	0	−1	−2	−3
problembewusst	+3	+2	+1	0	−1	−2	−3
beliebt	+3	+2	+1	0	−1	−2	−3
vernünftig	+3	+2	+1	0	−1	−2	−3
teamfähig	+3	+2	+1	0	−1	−2	−3
ausgeglichen	+3	+2	+1	0	−1	−2	−3
kommunikationsfähig	+3	+2	+1	0	−1	−2	−3
integrationsfähig	+3	+2	+1	0	−1	−2	−3
herzlich	+3	+2	+1	0	−1	−2	−3
ruhig	+3	+2	+1	0	−1	−2	−3
kompromissbereit	+3	+2	+1	0	−1	−2	−3
tolerant	+3	+2	+1	0	−1	−2	−3
zuhörbereit	+3	+2	+1	0	−1	−2	−3
selbstkritisch	+3	+2	+1	0	−1	−2	−3
kränkbar	+3	+2	+1	0	−1	−2	−3
hilfsbereit	+3	+2	+1	0	−1	−2	−3
einfühlsam	+3	+2	+1	0	−1	−2	−3
gelassen	+3	+2	+1	0	−1	−2	−3

unparteiisch	+3	+2	+1	0	−1	−2	−3
selbstironisch	+3	+2	+1	0	−1	−2	−3
....	+3	+2	+1	0	−1	−2	−3
....	+3	+2	+1	0	−1	−2	−3
....	+3	+2	+1	0	−1	−2	−3

Ihnen ist sicherlich aufgefallen, dass positive und negative Eigenschaften aufgeführt worden sind. Sympathisch und aktiv möchte jeder sein; rechthaberisch oder furchtsam sicherlich niemand. Bei anderen Adjektiven ist die Beurteilung schwieriger. Für einen Leuchtturmwärter ist »sehr stark zurückgezogen« sicherlich kein Berufshindernis, ein Reporter dagegen läge mit der gleichen Eigenschaft bei seiner Bewerbung ziemlich daneben.

Falls Sie in der Liste bestimmte Adjektive vermisst haben, schreiben Sie diese einfach in die dafür vorgesehenen freien Zeilen.

Schauen Sie sich alle Adjektive an, die eine deutlich herausgehobene Bewertung bekommen haben (bei dem einen ist es +3 bzw. −3, andere neigen dazu, die Ränder zu meiden und selten mehr als +2 bzw. −2 anzukreuzen). Auf wie viele Adjektive trifft eine deutlich herausgehobene Bewertung zu? Sind es 5 oder 15 oder vielleicht sogar 25? In jedem Fall ist es sehr wahrscheinlich, dass Sie sowohl im Plus- als auch im Minusbereich anzutreffen sind.

Am besten, Sie bilden – indem Sie für jedes Adjektiv eine einzelne Karteikarte anlegen – Gruppen von Eigenschaften (Adjektiven), beispielsweise für fünf Adjektive mit +3-Markierung, für drei mit −3. Anschließend versuchen Sie, inhaltliche Zusammenhänge zwischen den einzelnen Adjektiven herzustellen. Finden Sie Überschriften, denen Sie dann die Karteikarten entsprechend zuordnen.

Angenommen, Sie haben sich für die folgenden »+3-Ankreuzungen« entschieden: sorgfältig, verlässlich, pflichtbewusst, verantwortungsbewusst, ordentlich – dann passen diese fünf Adjektive gut unter die Überschrift »preußische Tugenden«. Lauten Ihre »−3-Ankreuzungen« unordentlich, spontan, fortschrittlich, werden hiermit Ihre preußischen Tugenden eher ergänzt und bestätigt. Auch wenn diese Tugenden auf Arbeitgeberseite immer noch gern gesehen sind, gibt es für Sie sicherlich noch andere herausragende Beschreibungsmerkmale.

Ziel dieser Übung ist es, ein Selbstbild in der Phase der beruflichen Orientierung, der Ausschöpfung aller persönlichen und beruflich verwertbaren Merkmals- und Leistungsquellen zu bekommen. Dies geschieht immer auch im Hinblick auf eine bevorstehende Vorbereitungsphase für eine gezielte Bewerbung. Wer die Ergebnisse anschließend mit dem Partner, mit Freunden oder Bekannten durchspricht, entwickelt eine neue verbale Kompetenz und ein neues Selbst-Bewusstsein, wenn es darum geht, sich in einer beruflichen Orientierungsphase zu behaupten und später in der Bewerbungssituation erfolgreich zu präsentieren. (Tipp: Kopieren Sie die Seiten 55–57, bevor Sie loslegen.)

Selbstbild-Fremdbild-Analyse

Übung

Nachdem Sie sich selbst eingeschätzt haben, ist es wichtig, sich ein etwas breiteres Feedback von anderen zu dieser Adjektivliste und Ihrer Person geben zu lassen. Bitten Sie wenigstens fünf Personen (maximal etwa zehn), Sie auf dieser Liste nach bestem Wissen und Gewissen einzuschätzen. Fragen Sie nicht (nur) Ihre Mutter, Großmutter, Paten- und Lieblingstante, die sicherlich allesamt Ihnen sehr wohlwollend gegenüberstehen, sondern bitten Sie unterschiedliche Personen auch aus dem etwas erweiterten Umfeld, die Sie aus verschiedenen Zusammenhängen kennen und einschätzen können, eine sorgfältige Beurteilung anhand der Liste vorzunehmen. Wenn Sie die Liste kopiert haben, können Sie sie mehrmals verteilen.

Bei der Auswertung dieser Adjektivliste werden Sie Unterschiede zwischen deren Beurteilungen wie auch zu Ihrer eigenen Einschätzung feststellen können. Gehen Sie diesen Einschätzungsdifferenzen nach. Überlegen und diskutieren Sie, wie sich deutliche Abweichungen von mehr als nur einem Punkt erklären lassen. Wie häufig kommt das vor? Ist es nur eine Person oder sind es mehrere, die Sie ganz unterschiedlich erleben und beurteilen? Wie klingen deren Begründungen und was sagen andere Befragte dazu?

Hintergrund dieser Bemühungen ist der Versuch, sich ein objektiveres Bild der eigenen Persönlichkeitsmerkmale zu verschaffen. Sie erhalten das, wenn Sie Ihr Selbstbild mit den diversen Fremdbildern vergleichen und noch einmal überlegen, inwieweit diese Einschätzungen zutreffen.

In einem weiteren Schritt, später, wenn Sie wissen, in welche berufliche Richtung Ihre Aktivitäten gehen werden, sollten Sie sich mit den folgenden Fragen auseinandersetzen: Welche Eigenschaften sind wichtig für den Arbeitsplatz, den ich anstrebe? Wonach werden mich Firmenchefs fragen und wie stellen diese sich den idealen Stelleninhaber vor? Gehen Sie die Liste dann nur unter diesem Aspekt ein zweites Mal durch, und kreuzen Sie (mit einem farbigen Stift) die Eigenschaften an, die für den von Ihnen angestrebten Arbeitsplatz aus Arbeitgebersicht besonders wichtig sind.

Ein Vergleich von Selbstbild, Fremdbeurteilung und Anforderungsprofil gibt weitere Aufschlüsse und Hinweise, auch im Hinblick auf die nötige Anpassung, die in jeder auf Sie zukünftig zukommenden Bewerbungssituation erbracht werden muss.

Zu guter Letzt: Nachdem Sie jetzt diesen wichtigen Teil als Grundlage Ihrer Potenzialanalyse bearbeitet haben und sich mit dem Ergebnis auseinandersetzen, ist es wichtig, zu Stift und Papier zu greifen. Schreiben Sie auf, was für Sie an Erkenntnisgewinn durch die Bearbeitung dieses

Kapitels entstanden ist, und fügen Sie im Anschluss Ihre Meinung, Ihre Ideen, Ihre spontanen Assoziationen hinzu.

Nur durch die schriftliche Auseinandersetzung werden Sie sich ganz intensiv mit den Ergebnissen beschäftigen und auch etwas davon in Ihr Bewusstsein übernehmen. Es lohnt sich, diese Extraarbeit auf sich zu nehmen. Wir werden Ihnen diesen Vorschlag, diese äußerst wichtige Empfehlung immer wieder am Ende eines Kapitels machen. Und schließlich, wozu haben Sie Ihren OO?

Fähigkeiten, Fertigkeiten – Was biete ich an?

In Wahrheit heißt »etwas wollen«
ein Experiment machen,
um zu erfahren, was wir können.

Friedrich Nietzsche

Worin sehen Sie und andere Ihre bedeutsamsten Begabungen und Fähigkeitsmerkmale? Was halten Sie für Ihre Kernkompetenzen? Worin unterscheiden Sie sich von anderen, was gehen Sie etwas geschickter an, was setzen Sie erfolgreicher um, was können Sie einfach besser?

Theoretisch ist Ihnen klar, was Ihre Fähigkeiten sind, und Sie haben wahrscheinlich auch schon einmal gehört, wie jemand über Sie gesagt hat: »Dafür scheint Klaus-Peter ein besonderes Talent zu haben ...« Hoffentlich war es nicht ironisch gemeint – zum Beispiel in Ihrer Kindheit, als Sie zum wiederholten Male etwas auf dem Tisch umgestoßen haben.

Jetzt kommt es darauf an, Ihre Stärken im Handlungsbereich zu identifizieren. Die zentrale Frage lautet also: Was können Sie besonders gut?

Während wir uns im vorherigen Kapitel mit Ihren Persönlichkeitsmerkmalen, also Ihren Soft Skills, beschäftigt haben, geht es jetzt um Ihre besonderen Begabungen, Talente, Kompetenzen, Fähigkeiten und Fertigkeiten (zur Begriffsvielfalt siehe Seite 79 ff.).

Gehören Sie zu den wenigen glücklichen Kandidaten, die ihre speziellen Fähigkeitsmerkmale sofort in Worte fassen können, dann schreiben Sie sie jetzt einfach auf und setzen Sie Ihre Lieblingsbeschäftigung (z. B. Basteln oder Musizieren) ganz oben auf die Liste.

Übung

Ich bin gut im ... ______________________________

____

____

____

____

Wenn Sie nicht eines Tages resümieren wollen: »Im Grunde hätte ich beruflich wesentlich mehr erreichen können!«, sollten Sie sich Zeit nehmen für die Übungen in diesem Kapitel.

Sie sind ein vielseitig begabter Mensch mit einer Fülle von Fähigkeiten und Fertigkeiten, die sich auf unzählige Aufgabengebiete anwenden lassen. Ohne Zweifel können Sie mehr, als Sie sich jetzt vielleicht zunächst selbst eingestehen. Nehmen Sie die Herausforderung an, diese Fähigkeiten »auszugraben«, um später über ihre Verwendung gezielt nachdenken zu können.

Als menschliches Wesen verfügen Sie über eine Vielzahl angeborener und erworbener Fähigkeiten, um den Alltag zu meistern. Etwas vereinfacht: Was Ihnen im Erbgut mitgegeben wurde, bezeichnet man als Talente beziehungsweise Begabungen, das Erlernte, später Erworbene als Fähigkeiten beziehungsweise Fertigkeiten. Dabei sind die Übergänge von Talent zu Fähigkeit fließend. Wenn Sie Glück hatten, sind Menschen in Ihrer Umgebung über Ihre als Kind gezeigten Verhaltensweisen, zum Beispiel Ihr frühes Interesse für Töne und Musik erzeugendes Spielzeug, aufmerksam geworden und haben Sie darin unterstützt, dieses Interesse weiterzuentwickeln. So konnten Sie hoffentlich etwas aus Ihren Begabungen, Talenten machen und erlernten dann zum Beispiel ein Musikinstrument, das Sie überdurchschnittlich gut beherrschen.

In der Schule hat man Ihnen die Zahlenwelt nähergebracht und vielleicht durch geschickte Motivation und pädagogische Unterstützung mathematische Fertigkeiten vermittelt (Sie beherrschen die Integralrechnung), die Sie von anderen abheben.

Sie haben Tausende von Fertigkeiten im Laufe Ihres Lebens entwickelt, die Ihnen in den unterschiedlichsten Situationen weiterhelfen – angefangen vom Zubinden Ihrer Schuhe über die Beseitigung einer Verstopfung des Abflusses bis hin zu Maler- und Dekorationsarbeiten in Ihrer Wohnung und, wenn es zu Ihren Arbeitsaufgaben gehört, der Interpretation einer Unternehmensbilanz (falls Sie als Wirtschaftsprüfer arbeiten) oder der Diagnose einer Krankheit (falls Sie Arzt sind). Vielleicht sind Sie ein besonders geschickter Skifahrer oder haben es als Hobbygärtner zu beeindruckenden Ergebnissen gebracht. Darüber hinaus gibt es bestimmt verschiedenste Aufgaben und Tätigkeiten, die Sie gerne erledigen; Aufgabenbereiche, in denen Sie sich »fast wie zu Hause fühlen«, und Aktivitäten, die Ihr Wohlbefinden steigern. Ihre persönlichen Kompetenzmerkmale – gleichgültig, ob es sich um Fähigkeiten oder Interessen (Neigungen), zu denen wir noch kommen, handelt – sind Bausteine Ihrer Potenzialanalyse und dadurch auch für Ihre berufliche Neuorientierung und das sich daraus ergebende (neue) Berufsziel wichtig.

Die Fähigkeit, Fähigkeiten zu erkennen

Wenn Sie Ihre Talente, Begabungen, Fähigkeiten und Fertigkeiten noch nicht völlig sicher kennen (bzw. benennen) und einschätzen können und sich dazu schon lange nicht mehr selbst erforscht haben, dann werden Ihnen die folgenden Übungen weiterhelfen.

Zunächst unterscheidet man zwischen »Grundfähigkeiten« und »besonderen Fähigkeiten«. Grundfähigkeiten (Lesen, Schreiben, Rechnen usw.) sind Grundlage unseres täglichen Lebens und werden im Wesentlichen in der Schule erlernt. Wir betrachten diese Fähigkeiten häufig als Selbstverständlichkeit.

Aus dem Potenzial Ihrer besonderen Fertigkeiten ergeben sich Vorgänge, an die Sie sich voller Stolz erinnern, weil sie Ihnen Freude bereiteten. Hierbei spielt es zunächst keine Rolle, ob das Ergebnis auch andere überzeugen konnte. Normalerweise ergibt sich das eine aus dem anderen: Wenn Sie etwas gut können, wird es Ihnen auch Spaß machen. Spaß haben Sie vielleicht an einer Sache, weil sie Ihnen leichtfällt. Fragen Sie sich daher zunächst einmal bei einer Tätigkeit »Macht mir das Spaß?« und nicht »Mache ich das gut?«.

Was sind Ihre besten (und liebsten) Fähigkeiten/Fertigkeiten und damit eben auch Tätigkeiten, denen Sie gerne nachgehen? Wenn Sie diese Frage nicht sofort spontan beantworten können, hilft Ihnen vielleicht die folgende Liste von Verben, Ihre besonderen Talente und Fertigkeiten zu beschreiben.

Angeregt durch eine amerikanische Verbenliste des Arbeitsforschers Richard Nelson Bolles[2] haben wir uns zu einer eigenen Version inspirieren lassen. Schauen Sie sich die Verben genau an und fügen Sie noch die hinzu, die Sie vermissen. Nutzen Sie diese Übung, um Fähigkeiten und Fertigkeiten an sich zu entdecken, die Sie später beruflich um- oder einsetzen wollen.

Übung

Unterstreichen Sie zunächst die Wörter, die Ihre Fähigkeitsmerkmale bezeichnen. Fügen Sie weitere Fähigkeiten hinzu, die Ihrer Meinung nach in der Liste fehlen. Später überlegen Sie dann, in welchen Berufen diese Fähigkeiten gebraucht werden. Hüten Sie sich jedoch davor, gleich auf eine bestimmte Berufsrichtung zu schließen, denn Fähigkeitsmerkmale können in vielen verschiedenen Berufen eingesetzt werden. Halten Sie sich zunächst noch alle Türen offen.

analysieren anbieten anbringen adaptieren anleiten annähern anpassen anpreisen anregen anwerben arrangieren auflösen aufwerten ausdehnen ausdrücken ausgraben ausstellen auswählen

bauen beantworten bedienen beeinflussen befragen begreifen behandeln beliefern benutzen beobachten beraten berichten beschützen bestellen betreuen bewerten

darstellen definieren dekorieren diagnostizieren dienen drucken

einführen einordnen einschätzen einsetzen einspringen empfangen empfehlen entdecken entscheiden entwickeln erfinden erforschen erhalten erinnern ermutigen erklären erstellen erneuern erreichen erschaffen erwerben erzählen fahren festigen feststellen finanzieren formen formulieren fotografieren fühlen führen

gestalten gewinnen großziehen gründen

handwerken helfen herausgeben herausfinden herausziehen herstellen hervorheben identifizieren

illustrieren improvisieren informieren inspizieren integrieren interviewen

kochen komponieren kommunizieren kontrollieren koordinieren kritisieren

lehren leiten lernen lesen liefern lösen

malen manipulieren meistern motivieren musizieren

nachforschen nähen

organisieren ordnen

planen programmieren publizieren

rechnen reden rehabilitieren reisen reparieren restaurieren richten riskieren

sammeln schreiben schulen singen sortieren spielen sprechen steuern systematisieren

tanzen teilen testen trainieren treffen trennen

überblicken übergeben überprüfen übersetzen überwachen überzeugen umschreiben unterhalten unternehmen unterrichten unterstützen

verantworten verarbeiten verbalisieren verbessern verbinden vereinen vergrößern verhandeln verkaufen verkleinern versammeln versöhnen versorgen verstärken verstehen vertreiben vertreten vervollständigen visualisieren voraussagen vorbereiten vorführen vorstellen vorwegnehmen

wiederfinden wiegen warten

zeichnen zeigen züchten zuhören zusammenbauen zusammenfassen

Vielleicht sind Sie angeregt durch diese Liste auf Verben gestoßen, die Ihnen helfen zu formulieren, über welche besonderen Fähigkeiten Sie verfügen.

Bei den Fähigkeiten und Fertigkeiten, um die es jetzt hier geht, können Sie auf Ihr Berufs- und/oder auf Ihr Privatleben zurückgreifen. Vielleicht handelt es sich dabei um Dinge, die Sie in der Schule oder in Ihrem bisherigen Berufsleben gelernt haben oder die Sie sich selbst aneigneten. Wichtig ist nur, dass durch den Einsatz, durch die Anwendung, durch das Tun diese messbaren Ergebnisse erzielt wurden. Hier ein Beispiel:

»Briefe auf dem Computer erstellen« ist eine besondere Fähigkeit, denn das Ergebnis (der Brief) ist sichtbar. Das gilt auch für »Brücken bauen«, »Verkaufskampagnen entwickeln«, »Pflanzen züchten« und »Spendengelder auftreiben«. Am einfachsten lernen Sie Ihre besonderen Fähigkeiten kennen, indem Sie zunächst Ihre Grundfähigkeiten ermitteln und diese anschließend genauer beschreiben. Beim Beispiel *Schreiben* kann das folgendermaßen aussehen:

- Berichte schreiben
- Briefe schreiben
- Geschichten schreiben
- Arbeitszeugnisse schreiben
- Reiseberichte schreiben

Übung

Um einen guten Überblick über Ihre besonderen Fähigkeiten zu bekommen, sollten Sie aus der Auflistung der Ihnen spontan eingefallenen, jetzt bereits identifizierten Fähigkeiten die zehn auswählen, in denen Sie sich am sichersten fühlen. Gehen Sie dann folgendermaßen vor:

1. Finden Sie andere Ausdrücke, die mit der jeweiligen Fähigkeit vergleichbar sind, und schreiben Sie diese auf.
2. Notieren Sie wenigstens fünf mögliche oder bereits realisierte Einsatzmöglichkeiten für Ihre besonderen Fähigkeiten.

Beenden Sie die Übung nicht, ehe Sie nicht wenigstens insgesamt 50 Beispiele gefunden haben. Wählen Sie dann die 25 Fähigkeiten aus, mit denen Sie sich am ehesten identifizieren können, schreiben Sie alle auf eine Liste und entscheiden Sie für jede einzelne Fähigkeit, welche der folgenden Aussagen zutreffen:

- Es würde mir Spaß machen, diese Fähigkeit einzusetzen.
- Diese Fähigkeit passt auch gut zu meinen besonderen Stärken.
- Ich verfüge über berufliche oder private Erfahrungen mit einer Fähigkeit in einem bestimmten Bereich.
- Dies ist etwas, was ich weiter ausbauen will und kann.

Beispiel:

Grundfähigkeit: *andere führen* (andere Möglichkeiten, dies zu beschreiben: *beaufsichtigen – steuern – Leute organisieren – andere leiten, motivieren, beraten*). Diese Fähigkeiten würde ich gerne einsetzen, wenn es darum ginge …

- den Aufbau einer neuen Bibliothek zu *beaufsichtigen*,
- die Aktivitäten zum Eintreiben von Geldern für eine Wahlkampagne zu *steuern*,
- eine Fußballmannschaft zu *organisieren*,
- eine Kirchengruppe beim Sammeln von Geld für die neue Orgel *anzuleiten*,
- junge Menschen bei der Berufswahl zu *beraten*,

... aber zu diesem Punkt kommen wir später noch zwei Mal ausführlich, wenn es darum geht, Ihre Wünsche und Neigungen zu identifizieren und wenn es um ein ergebnisorientiertes, leistungsstarkes Handeln geht.

Nach Erkenntnis vieler Berufsberater und Arbeitspsychologen[3] lassen sich Fähigkeiten und ihnen zugrunde liegende Tätigkeiten in vier große Bereiche aufgliedern: Sie sind gekennzeichnet durch den hauptsächlichen Umgang mit *Menschen, Maschinen, Daten* und *Ideen.*

Damit sind wiederum ganz häufig Tätigkeiten verbunden, die wir hier kurz skizzieren:

- *Menschen:* Anweisungen entgegennehmen, helfen, dienen, sprechen, Hinweise geben, unterhalten, überzeugen, beaufsichtigen, unterrichten, verhandeln, trainieren ...
- *Werkzeuge (Maschinen, Materialien):* anpacken, Material zuführen/wegtragen, bedienen, einstellen, in Betrieb setzen, Feineinstellungen vornehmen, warten, aufstellen, bearbeiten ...
- *Zahlen (Daten):* kopieren, vergleichen, errechnen, zusammenstellen, analysieren, koordinieren, Neuerungen einführen, Verbindungen herstellen ...
- *Ideen (alles Abstrakte, auch Künstlerisches):* ausdenken, erfinden, entwickeln, planen, Konzepte erstellen, kreativ sein, künstlerisch tätig sein, musizieren, schauspielern, malen, tanzen ...

Innerhalb der vier Kategorien *Menschen, Werkzeuge, Zahlen* und *Ideen* gibt es einfache und komplexere Fähigkeiten. Je höher Ihre übertragbaren Fähigkeiten einzustufen sind, desto mehr Freiheiten werden Sie in Ihrem Beruf haben. Wenn Sie nur einfachere Fertigkeiten für sich beanspruchen, wird Ihr Arbeitgeber Ihnen ständig Vorschriften machen. Mit einem höheren Grad an Geschicklichkeit haben Sie mehr Raum für die Verwirklichung Ihrer eigenen Ideen.

Wenn Sie jetzt Ihre besonderen Fähigkeiten ermitteln und diese gut und überzeugend mitteilen können, stärkt das Ihr Selbstbewusstsein. Sie sind dann viel besser in der Lage, direkt auf Arbeitgeber zuzugehen und ihnen zu erklären, was Sie konkret für diese tun können. Gelegentlich kommt es sogar vor, dass ein Arbeitgeber einen neuen Arbeitsplatz einrichtet, wenn er von der Persönlichkeit und Qualifikation, also den Fähigkeiten eines Bewerbers, überzeugt ist. Vielleicht hatte er schon seit Längerem über Veränderungen in seinem Betrieb nachgedacht, diese Überlegungen aber bisher nicht in die Tat umgesetzt.

Welche Probleme, die in Unternehmen auftreten, könnten Sie mit Ihren Kenntnissen, Erfahrungen und Fähigkeiten lösen? Wären Sie in der Lage, Kunden zum Wiederkommen zu bewegen; die Qualität von Dienstleistungen oder Waren zu verbessern; dafür zu sorgen, dass Liefertermine eingehalten werden; Kosten zu senken oder neue Produkte zu erfinden?

Was haben Sie alles anzubieten? Wie gehen Sie generell mit Problemen um? Warten Sie darauf, dass sich »alles irgendwie ergibt« oder arbeiten Sie systematisch an einer Lösung? Wir bieten Ihnen jetzt eine ganze Reihe von Übungen, um sich diesem Thema auf den unterschiedlichsten Wegen zu nähern. Das Ziel ist immer das gleiche, nämlich die Antwort auf die Frage: Was gibt es für Tätigkeiten, in denen Sie besonders gut, besonders erfolgreich sind?

Übung

Stellen Sie sich folgende Situation, folgendes Problem einmal sehr bildhaft vor: Ihr(e) Partner(in) hat Sie verlassen. Nun möchten Sie nicht lange allein bleiben und gehen deshalb auf »Partnersuche«. Wie gehen Sie dabei vor? Schreiben Sie innerhalb von drei Minuten Ihre Vorgehensweise auf.

Um hier noch zu weiteren interessanten Ergebnissen zu gelangen, ist es hilfreich, berufliche und private Erfolge zu benennen und sich zu verdeutlichen, wie sie erreicht wurden.

Übung

Nehmen Sie ein Blatt Papier und unterteilen Sie es in fünf Spalten. In die linke Spalte schreiben Sie Ihre Lebensjahre, aufgeteilt in Perioden von fünf Jahren. In den anderen Spalten notieren Sie, wo Sie zu diesen Zeiten gelebt, gelernt oder gearbeitet haben und welche Hobbys Sie hatten. Überlegen Sie sich zu den einzelnen Einträgen der Rubriken »Lernen«, »Arbeiten« und »Freizeit«, was Sie in diesen Bereichen jeweils erreicht haben. Über sieben dieser Erfolge schreiben Sie dann kurze Geschichten.

Achten Sie darauf, dass diese Geschichten Aufgaben, Werkzeuge und Ergebnisse enthalten. Gehen Sie Schritt für Schritt vor. Am besten, Sie stellen sich vor, die Geschichten einem kleinen Kind zu erzählen, das immer wieder fragt: »Und dann, was hast du dann gemacht?«

Unterstreichen Sie schließlich die benutzten Verben und ordnen Sie diese den Gruppen »Menschen«, »Werkzeug, Maschinen und Technik«, »Zahlen und Daten« oder »Ideen und Konzepte« zu. Schauen Sie sich am Schluss an, welche Gruppe die meisten Einträge enthält.

Ihre Kernkompetenzen einschätzen

Übung

Die folgende Selbstbeurteilungsskala wird Ihnen dabei helfen, Ihren persönlichen Kompetenzstandort noch detaillierter zu bestimmen. Auf den nächsten Seiten finden Sie eine umfangreiche Liste von Fähigkeitsmerkmalen. Wie schätzen Sie sich selbst bezüglich der aufgeführten Fähigkeiten ein? Wie ist es um Ihre Leistungsbereitschaft bestellt? Sie haben sicherlich eine Vorstellung davon, was allgemein unter diesem Begriff verstanden wird. Es geht allein um Ihre persönliche Einschätzung. Diese brauchen Sie mit niemandem zu diskutieren. Sie müssen sich also für Ihre Einschätzung nicht rechtfertigen.

Bitte kreuzen Sie wieder bei jeder Eigenschaft an, wie ausgeprägt diese Ihrer Meinung nach bei Ihnen ist:

+3 = sehr stark ausgeprägt
+2 = deutlich ausgeprägt
+1 = etwas stärker als der Durchschnitt ausgeprägt
0 = normal, ganz durchschnittlich, unauffällig
−1 = eher weniger ausgeprägt
−2 = recht schwach ausgeprägt
−3 = sehr schwach oder gar nicht ausgeprägt

Merkmalsgruppe 1

Sensibilität	+3	+2	+1	0	−1	−2	−3
Zuhörfähigkeit	+3	+2	+1	0	−1	−2	−3
Kontaktfähigkeit	+3	+2	+1	0	−1	−2	−3
Aufgeschlossenheit	+3	+2	+1	0	−1	−2	−3
Teamorientierung	+3	+2	+1	0	−1	−2	−3
Kooperationsfähigkeit	+3	+2	+1	0	−1	−2	−3

Anpassungsfähigkeit	+3	+2	+1	0	–1	–2	–3
Kompromissbereitschaft	+3	+2	+1	0	–1	–2	–3
Diplomatie	+3	+2	+1	0	–1	–2	–3
Verhandlungsgeschick	+3	+2	+1	0	–1	–2	–3
Integrationsvermögen	+3	+2	+1	0	–1	–2	–3
Überzeugungspotenzial	+3	+2	+1	0	–1	–2	–3
Begeisterungsfähigkeit	+3	+2	+1	0	–1	–2	–3
Durchsetzungsfähigkeit	+3	+2	+1	0	–1	–2	–3
Motivationsfähigkeit	+3	+2	+1	0	–1	–2	–3
sprachliches Ausdrucksvermögen	+3	+2	+1	0	–1	–2	–3
schriftliches Ausdrucksvermögen	+3	+2	+1	0	–1	–2	–3
rhetorische Fähigkeiten	+3	+2	+1	0	–1	–2	–3
Teamfähigkeit	+3	+2	+1	0	–1	–2	–3
Anpassungsbereitschaft	+3	+2	+1	0	–1	–2	–3
soziale Kompetenz	+3	+2	+1	0	–1	–2	–3
Kommunikationsfähigkeit	+3	+2	+1	0	–1	–2	–3

Merkmalsgruppe 2

Zielstrebigkeit	+3	+2	+1	0	–1	–2	–3
Selbstbewusstsein	+3	+2	+1	0	–1	–2	–3
Verantwortungsbewusstsein	+3	+2	+1	0	–1	–2	–3
Kritikfähigkeit	+3	+2	+1	0	–1	–2	–3
Selbstbeherrschung	+3	+2	+1	0	–1	–2	–3
Zuverlässigkeit	+3	+2	+1	0	–1	–2	–3
Toleranzfähigkeit	+3	+2	+1	0	–1	–2	–3
Unerschrockenheit	+3	+2	+1	0	–1	–2	–3
Bereitschaft zur Verantwortungsübernahme	+3	+2	+1	0	–1	–2	–3

Merkmalsgruppe 3

Risikobereitschaft	+3	+2	+1	0	−1	−2	−3
Entscheidungsfähigkeit	+3	+2	+1	0	−1	−2	−3
Sicherheitsdenken	+3	+2	+1	0	−1	−2	−3
Delegationsbereitschaft	+3	+2	+1	0	−1	−2	−3
Delegationsfähigkeit	+3	+2	+1	0	−1	−2	−3
Belastbarkeit	+3	+2	+1	0	−1	−2	−3
Stresstoleranz	+3	+2	+1	0	−1	−2	−3
Lebensfreude	+3	+2	+1	0	−1	−2	−3
Flexibilität	+3	+2	+1	0	−1	−2	−3
Repräsentationsvermögen	+3	+2	+1	0	−1	−2	−3

Merkmalsgruppe 4

Arbeitsmotivationshilfe	+3	+2	+1	0	−1	−2	−3
Tatkraft	+3	+2	+1	0	−1	−2	−3
Führungsmotivation/-wille/-fähigkeit	+3	+2	+1	0	−1	−2	−3
Eigeninitiative	+3	+2	+1	0	−1	−2	−3
Autonomie	+3	+2	+1	0	−1	−2	−3
Durchsetzungsvermögen	+3	+2	+1	0	−1	−2	−3
Selbstvertrauen	+3	+2	+1	0	−1	−2	−3
Ehrgeiz	+3	+2	+1	0	−1	−2	−3
Zielstrebigkeit	+3	+2	+1	0	−1	−2	−3
Durchhaltevermögen	+3	+2	+1	0	−1	−2	−3
Durchsetzungsvermögen	+3	+2	+1	0	−1	−2	−3
Frustrationstoleranz	+3	+2	+1	0	−1	−2	−3
Erfolgsorientierung	+3	+2	+1	0	−1	−2	−3
Tatkraft	+3	+2	+1	0	−1	−2	−3
Vitalität	+3	+2	+1	0	−1	−2	−3
Leistungsbereitschaft	+3	+2	+1	0	−1	−2	−3
Idealismus	+3	+2	+1	0	−1	−2	−3
Identifikationsbereitschaft mit Unternehmen/Institution	+3	+2	+1	0	−1	−2	−3

Merkmalsgruppe 5

Autonomie	+3	+2	+1	0	−1	−2	−3
Selbstständigkeit	+3	+2	+1	0	−1	−2	−3
Verantwortungsbewusstsein	+3	+2	+1	0	−1	−2	−3
Unabhängigkeit	+3	+2	+1	0	−1	−2	−3
Zuverlässigkeit	+3	+2	+1	0	−1	−2	−3
Selbstdisziplin	+3	+2	+1	0	−1	−2	−3
Stresstoleranz	+3	+2	+1	0	−1	−2	−3
Ausdauer	+3	+2	+1	0	−1	−2	−3
Belastbarkeit	+3	+2	+1	0	−1	−2	−3
Geduld	+3	+2	+1	0	−1	−2	−3
Pflichtbewusstsein	+3	+2	+1	0	−1	−2	−3
Loyalität	+3	+2	+1	0	−1	−2	−3

Merkmalsgruppe 6

analytisches Denken	+3	+2	+1	0	−1	−2	−3
konzeptionelles Planen	+3	+2	+1	0	−1	−2	−3
planvolles Vorgehen	+3	+2	+1	0	−1	−2	−3
kombinatorisches Denken	+3	+2	+1	0	−1	−2	−3
effiziente Arbeitsorganisation	+3	+2	+1	0	−1	−2	−3
Entscheidungsvermögen	+3	+2	+1	0	−1	−2	−3

Merkmalsgruppe 7

Kosten-/Nutzen-Bewusstsein	+3	+2	+1	0	−1	−2	−3
unternehmerisches Denken	+3	+2	+1	0	−1	−2	−3
systematische Arbeitsorganisation	+3	+2	+1	0	−1	−2	−3
Zieldefinitionsfähigkeit	+3	+2	+1	0	−1	−2	−3
Arbeitseffizienz	+3	+2	+1	0	−1	−2	−3
gesunder Materialismus	+3	+2	+1	0	−1	−2	−3
physische Fitness	+3	+2	+1	0	−1	−2	−3
gesundheitliches Wohlbefinden	+3	+2	+1	0	−1	−2	−3
psychische Konstitution	+3	+2	+1	0	−1	−2	−3
Selbstkontrollfähigkeiten	+3	+2	+1	0	−1	−2	−3

Auswertung

Welche +3- oder auch +2-Ankreuzungen, welche –3- oder –2-Ankreuzungen haben Sie in den folgenden Merkmalsgruppen? Schreiben Sie diese bitte auf:

Merkmalsgruppe 1 (Persönlichkeit, Kommunikationsfähigkeit, soziale Kompetenz)

____

____

____

____

Merkmalsgruppe 2 (Selbstständigkeit)

____

____

____

____

Merkmalsgruppe 3 (Entscheidungsverhalten)

____

____

____

____

Merkmalsgruppe 4 (Leistungsmotivation)

Merkmalsgruppe 5 (Selbstkontrollfähigkeit/Aktivitätspotenzial)

Merkmalsgruppe 6 (Systematisch-zielorientiertes Denken und Handeln)

Merkmalsgruppe 7 (Wichtige allgemeine Merkmale)

Nachdem Sie diese Liste bearbeitet haben: Gibt es Merkmale, die Sie vermisst haben und um die Sie die Liste erweitern möchten? Würden diese neuen, von Ihnen beigesteuerten Fähigkeiten eher die Bewertung +3 oder –3 bekommen?

Was fällt Ihnen zu einzelnen Merkmalen, was zu den Merkmalsgruppen insgesamt ein? Wo liegen Ihre Stärken, wo eventuell Ihre Schwächen? Welche Erkenntnis lässt sich aus Ihren positiven Fähigkeiten für Ihre berufliche Neuorientierung formulieren? Mit welchen Defiziten müssen Sie sich ernsthaft auseinandersetzen, wenn Sie Ihre Dienstleistung erfolgreich in einem bestimmten Marktsegment vermarkten wollen? Welche Schwächen können Sie getrost vernachlässigen?

In einem späteren Schritt sollten Sie dann mit einem andersfarbigen Stift jeweils die Qualifikationsmerkmale markieren, von denen Sie glauben, dass sie von Arbeitsplatzanbietern Ihres Wunschbereichs erwartet und für wichtig gehalten werden. Der Vergleich dieser beiden Profile (Selbstbild/imaginäres Idealbild; Markierungen durch eine Linie verbinden) wird Sie wiederum zum Nachdenken anregen.

Sie sollten auch Kopien der Listen erstellen. Bitten Sie dann ausgewählte Personen Ihrer Umgebung, Sie einzuschätzen. Der Vergleich beider Profile (Selbst- und Fremdbild) wird Ihnen weitere Denkanstöße geben.

Der Vorteil der Bearbeitung dieser Qualifikations-Merkmalsliste besteht wie bei der ersten Adjektivliste in einem verbesserten (im wahrsten Sinne des Wortes) Selbst-Bewusstsein über die eigenen Fähigkeiten. Nutzen Sie gegebenenfalls die Gelegenheit, an den im Selbst- oder Fremdbild sichtbar gewordenen Defiziten zu arbeiten, aber verheddern Sie sich auch nicht. Wichtiger ist, sich mit den Stärken auseinanderzusetzen und sich daraufhin Berufsbilder vorzustellen, in denen diese Stärken eingebracht und weiterentwickelt werden können.

Nach dieser Übung sind Sie sicher in der Lage, etwa fünf positive, aber auch möglicherweise drei bis fünf defizitäre Merkmale zu benennen, die Ihre Fähigkeiten, Ihr Können und Nichtkönnen zutreffend beschreiben.

Jetzt, nach diesem wichtigen Teil Ihrer Potenzialanalyse, sollten Sie wieder zu Stift und Papier greifen und Ihren Erkenntnisgewinn (egal ob Sie es bereits ahnten oder es für Sie völlig neu ist) aufschreiben und im Anschluss daran Ihre Meinung, Ihre Ideen, Ihre spontanen Assoziationen dazu.

Nur durch die schriftliche Auseinandersetzung werden Sie sich ganz intensiv mit den Ergebnissen beschäftigen und auch davon etwas in Ihr Bewusstsein bekommen. Diese gewisse Extraarbeit lohnt sich, auch wenn es Sie zunächst Überwindung kostet. Ihr OO will neue Seiten der Erkenntnis …

Übung

Erinnern Sie sich an die Übung zum Thema Partnersuche und an deren Ergebnis: Wie sind Sie vorgegangen? Hofften Sie, dass Ihnen die/der Richtige zufällig über den Weg laufen wird, oder wenden Sie sich an eine Partnervermittlung beziehungsweise geben Sie eine Kontaktanzeige auf? Was ist Ihnen eingefallen, um Ihr Ziel zu erreichen? Ihre Vorgehensweise zeigt auf, wie schnell und kreativ Sie sich einer Problemsituation annehmen können.

Ambitionen, Ziele – Was will ich?

Wünsche sind die Vorboten unserer Fähigkeiten.

Johann Wolfgang von Goethe

Für die nächste Einstiegsübung[4] brauchen Sie die ganze Kraft Ihrer Vorstellungsgabe, eine große Portion Fantasie. Malen Sie sich das gleich beschriebene Bild eines großen Festes intensiv aus.

Übung

Stellen Sie sich eine imposante, mehrstöckige Villa vor mit einem traumhaften Garten. Es ist eine laue Sommernacht, sternenklarer Himmel, und sowohl im Haus als auch im Garten ist eine tolle Party im Gange. Überall stehen Menschen in kleinen Gruppen, manche unterhalten sich, andere sehen sich um, lauschen der Musik oder schauen in den Himmel. Es wird auch getanzt.

Alle Menschen sind freundlich, aufgeschlossen und wenden sich gerne auch Ihnen zu, wenn Sie sich zu ihnen hinbewegen, sich dazugesellen … Sie sind als Gast gerade angekommen, stehen aber bereits mittendrin und sollen sich jetzt entscheiden.

Wo sehen Sie sich? Wo werden Sie zuerst hingehen und sich zu einer Gruppe von Personen dazugesellen, Kontakt aufnehmen oder auch nur zuhörend und beobachtend verweilen, weil Sie sich wohlfühlen mit dieser Art von Menschen?

Lesen Sie zunächst, welche sechs Personengruppen sich insgesamt auf diesem Fest befinden:

Die 1. Gruppe von Personen befindet sich hauptsächlich im Garten und in der Küche. Es sind die eher *realistisch* und *praktisch orientierten* Menschen, die bevorzugt mit Werkzeugen und Maschinen umgehen, aber sich auch gerne in der Natur oder im Freien aufhalten beziehungsweise arbeiten (z. B. mit Tieren oder im Gartenbau), die mit Freude selbst zupacken und aus eigener Kraft etwas sehr Konkretes bewegen – und sei es, eine Mahlzeit zuzubereiten –, die fachsimpeln, die Rezepte und Erfahrungen austauschen, die etwas erreichen wollen, aber ohne falschen, brennenden Ehrgeiz …

Die 2. Gruppe hält sich im Erdgeschoss und Wohnbereich auf.
Es sind die eher *konventionellen* und *sicherheitsorientierten* Menschen, die gern mit Zahlen und Daten arbeiten, klare Strukturen lieben, immer sehr korrekt gekleidet, stets sehr höflich, eher etwas zurückhaltend sind, beim Arbeiten sehr gewissenhaft, manchmal sehr auf Details achtend, sich auch gern an die Anweisungen anderer haltend, die lieber in der zweiten Reihe stehen, Zuarbeiten übernehmen und dadurch an Einfluss gewinnen, etwas stiller und leiser, aber dafür nicht selten umso nachhaltiger …

Die 3. Gruppe ist fast überall anzutreffen, besonders aber vor dem Haus, wo neue Gäste eintreffen und von ihnen begrüßt werden, aber auch da, wo die Musik spielt, wo deutlich etwas los ist, jedoch immer in etwas kleineren Gruppen als die anderen.
Dies sind die eher *unternehmerischen* und *unabhängigkeitsliebenden, ziel-* und *erfolgsorientierten* Menschen in Institutionen oder Unternehmen, die gern andere führen, managen und überzeugen, die meistens sehr schnell wissen oder einfach auch spüren können, woher der Wind weht, worauf es jetzt wirklich ankommt, und die dann präsent sind, sehr tatkräftig und energiestark.

Die 4. Gruppe ist ebenfalls fast überall anzutreffen, aber doch etwas häufiger in den ruhigen Ecken, wo man sich besser unterhalten kann.
Hierbei handelt es sich um eher *sozial* und *beziehungsorientierte* Menschen, denen es Freude macht, anderen zu helfen, zu heilen, zu trainieren, zu informieren, die sprachgewandt sind und sich gerne mit anderen austauschen, geschickt und einfühlsam im Umgang mit anderen sind und diese brauchen wie der Fisch das Wasser, auch um auf diese Weise zu herrschen, etwas zu erreichen, zu bewirken.

Die 5. Gruppe ist sowohl auf dem Dachbalkon anzutreffen, um in den Abendhimmel zu schauen, als auch im Keller, wo man ausgewählte Weine bestaunen kann oder wo wild getanzt wird.

Die eher *Fantasiebegabten* und *künstlerisch Orientierten* sind stark kreative Menschen mit Intuition und innovativ-schöpferischer Begabung und Fantasie, nicht immer ganz einfach, für sich selbst und die wenigen Menschen, die sie zulassen in ihrer Umgebung, aber ungeheuerlich spannend und anregend, dafür nicht oder kaum berechenbar.

Die 6. Gruppe ist auch fast überall anzutreffen, immer aber nur in sehr kleiner Personenanzahl, zum Beispiel im Garten, auf dem Dach.

Den eher *forschenden* und *natur-* oder *technikorientierten* Menschen macht es Freude, genau zu beobachten und zu analysieren, sie erforschen gern Dinge und lösen Probleme, sie genügen sich selbst, wenn sie eine Herausforderung haben, und können doch auf sachlicher Ebene gut mit anderen kooperieren.

Zu welcher Gruppe fühlen Sie sich spontan am ehesten hingezogen, zu welcher wollen Sie sich gerne dazugesellen? Zu welcher Gruppe würden Sie danach gehen?

Vielleicht geht es Ihnen wie vielen anderen, denen gerade die Frage »Welchen Beruf würden Sie wählen, wenn Ihnen alle Wege offenstünden?« die größten Schwierigkeiten bereitet. Mit dem Argument »Die Lage auf dem Arbeitsmarkt ist katastrophal, da muss ich froh sein, wenn ich überhaupt einen Job habe oder irgendetwas finde!« lässt sich aber keineswegs entschuldigen, dass man nicht so recht weiß, was man will.

An dieser Stelle laden wir Sie nun ein, Ihre Vorstellungskraft zu gebrauchen. Im hektischen Alltag sind die meisten Menschen normalerweise viel zu sehr mit der Erledigung irgendwelcher lästigen Pflichten beschäftigt, als dass sie die Muße hätten, über ihre Wünsche nachzudenken. Man ist darauf trainiert, nüchtern und sachlich an die Dinge heranzugehen. »Was kostet das?«, »Wie schnell geht das?« oder »Wie funktioniert das?« beschäftigt einen eher als Fragen wie »Worüber freue ich mich wirklich?« oder auch »Wovon träume ich?« und »Was sind meine wirklichen Wünsche?«. Wer solche Gedanken offen äußert, gilt schnell als weltfremd.

Wir erfahren sehr viel über uns selbst, wenn wir uns darauf einlassen, einmal unser Vorstellungsvermögen in der skizzierten Weise (Stichwort: Träumer) zu nutzen. Auf diese Weise lernen wir interessante Möglichkeiten kennen, die wir vielleicht bisher überhaupt nicht berücksichtigt haben. Dabei geht es nicht um die konkrete Umsetzung solcher Themen und daraus entwickelter Tagträume. Die Ausflüge in unsere Fantasiewelt geben uns Hinweise darauf, was wir wirklich vom Leben erwarten. Träume sind also keinesfalls »Schäume« und alles andere als Zeitverschwendung. Sie sind ein Urstoff, den wir nur weiterentwickeln müssen, ähnlich wie Rohöl, aus dem man beispielsweise Diesel und Benzin, aber auch Kunststoffe herstellen kann.

Erfahrungsgemäß fällt es praktisch veranlagten, logisch und rational denkenden Menschen ganz besonders schwer, sich auf diese Art von Übung einzulassen. Sie halten sich lieber an überprüfbare Fakten und Methoden. Dabei profitieren gerade auch Realisten davon, wenn sie einmal über ihre Träume nachdenken.

Übung

Wofür würden Sie sich also entscheiden, wenn alles möglich wäre? Stellen Sie sich einen Moment lang vor, dass Zeit, Geld, Alter und Ausgangsposition keine Rolle spielen. Befreien Sie sich von allen Zwängen, denen Sie zu unterliegen glauben. Stellen Sie sich vor, Sie sind jung, ungebunden, haben das nötige Startkapital und so weiter. (Vergleichen Sie auch mit der Übung auf S. 12, Fragen 1 und 2, lesen Sie aber erst später in Ihrem OO nach, was Sie zum damaligen Zeitpunkt aufgeschrieben haben).

Schauen Sie sich die folgenden drei Themen an und schreiben Sie zu jeder Überschrift einen kurzen, freien Fantasieaufsatz:

1. Ein fantastischer Tag in meinem Leben
2. Mein wahrer Traum- und Wunschberuf
3. Meine Zukunft – So stelle ich sie mir vor

Vermutlich wird Ihnen gerade das zweite Thema am meisten Kopfzerbrechen bereiten, auch wenn Ihnen die bisherigen Ergebnisse bereits wichtige Anhaltspunkte geben. Am besten beginnen Sie also mit der ersten Überschrift, *Ein fantastischer Tag in meinem Leben*, und tasten sich dann langsam zu den anderen beiden Themen vor.

Wie stellen Sie sich also Ihren perfekten Tag vor? Würden Sie erst einmal richtig ausschlafen oder den Wecker auf sieben Uhr stellen, damit Sie jede Minute nutzen können? An welchem Ort wären Sie? Mit wem verbrächten Sie diesen Tag, oder möchten Sie lieber allein sein? Käme Arbeit in diesem Tag vor oder würden Sie stattdessen Sport treiben, ins Kino gehen, lesen oder sich Zeit für Ihre Freunde/Familie nehmen?

Worauf kommt es Ihnen bei Ihrem *Wunschberuf* an? Bedenken Sie dabei Aspekte wie Arbeitsumfeld, Gehalt und den damit verbundenen Lebensstil, soziales Ansehen, Teamarbeit oder höchstmögliche Entscheidungsfreiheit, einzelne Arbeitsabläufe, Verantwortung, Pflichten und Zeiteinteilung.

Überlegen Sie auch, welchen Karriereverlauf Sie sich erträumen. Wie schnell wollen Sie einzelne Stufen erreichen? Wären Sie in Ihrer Idealvorstellung lieber angestellt oder selbstständig? Möchten Sie am liebsten die bereits vorhandenen Fähigkeiten einsetzen oder wollen Sie ständig Neues hinzulernen?

Wenn Ihre *Zukunft* allein von Ihren Idealvorstellungen bestimmt wäre, was stünde dann im Mittelpunkt? Wäre Ihnen der Job oder das Privatleben wichtiger? Wie alt möchten Sie werden? Wollen Sie in einem Haus oder in einer Wohnung leben? Was gehört für Sie zum perfekten Leben noch dazu? Welche Hobbys würden Sie betreiben?

Gehen Sie bei dieser Übung so weit ins Detail wie möglich, denn dann lassen sich am ehesten Rückschlüsse aus Ihren Traumbildern ziehen. Die folgenden Fragen helfen Ihnen beim Analysieren.

- Was erfahre ich in meinen Fantasiegeschichten über meine Werte, Vorlieben und Ziele?
- Wo liegen die Unterschiede zwischen meiner Fantasiewelt und meiner Realität?
- Wie viele meiner Träume lassen sich sofort realisieren? Welche Wünsche lassen sich in der Zukunft verwirklichen? Wenn ich schon nicht alles erreichen kann, was hat dann Priorität?
- Welche Hindernisse stellen sich mir beim Umsetzen meiner Träume in den Weg und wie kann ich sie überwinden?
- Welche Konsequenzen hätte es für mich, meine Familie und Freunde, wenn ich mir meine Wünsche erfüllen würde?
- Lohnt es sich, meine Traumvorstellungen umzusetzen, oder wäre der Preis dafür zu hoch?
- Welche neuen Ziele ergeben sich für mich konkret aus den Ergebnissen dieser Übung?
- Was muss sich ändern, damit Aussicht auf Erfüllung meiner Träume besteht?

Schauen Sie sich jetzt noch einmal Ihre Antworten zu den ersten acht Fragen auf Seite 12 f. an. Was fällt Ihnen unter den oben aufgeführten Deutungshinweisen zu Ihren Antworten ein?

Im Grunde sollte die Frage »Was will ich?« Ihre Lieblingsfrage sein, weil Sie Ihnen den meisten Freiraum lässt. Die anderen Fragen »Was für ein Mensch bin ich?« und »Was kann ich?« liefen auf eine Bestandsaufnahme hinaus. Nun geht es endlich um Ihre Wünsche. Im ersten Moment klingt es sehr verlockend, sich einmal zu seinen Träumen und Vorstellungen zu äußern, denn im Alltag wird man doch eher mit banalen und unangenehmen Fragen wie »Können Sie morgen früh schon um 6.30

Uhr hier sein?« oder »Denken Sie, dass Sie den Artikel bis Donnerstagmittag spätestens fertig haben?« konfrontiert. Aber gerade weil die Frage »Was will ich?« so viele verschiedene Antworten zulässt, ist sie die schwierigste und auch zeitintensivste.

Der Stellenwert der Arbeit in Ihrem Leben

Ist Arbeit das Wichtigste für Sie oder warten Sie jeden Tag sehnsüchtig auf den Feierabend? Überlegen Sie, welche Aussagen am ehesten auf Sie zutreffen.

Arbeit ...

- ist eine Beschäftigung.
- sichert meinen Lebensunterhalt.
- bedeutet Selbstverwirklichung.
- gibt dem Leben einen Sinn.
- bestimmt durch feste oder unregelmäßige Zeitvorgaben den Tagesablauf.
- gibt mir Identität und Selbstvertrauen.
- bedeutet, dass ich Kollegen und Freunde treffe.
- hat großen Einfluss darauf, wie mich andere sehen.
- versorgt mich mit dem Geld, das ich brauche, um mir meine Wünsche zu erfüllen.

Wer Glück hat, findet eine Aufgabe beziehungsweise Arbeit, die ihn so sehr interessiert, dass Geld dabei nur eine – wenn auch willkommene – Nebenrolle spielt. In der Realität trifft man allerdings eher auf Menschen, die sich mit ihrer Arbeit vor allem herumplagen, weil sie das Geld nötig zum Leben brauchen.

Arbeit ist natürlich nicht immer mit Beruf gleichzusetzen. So gibt es auch Tätigkeiten, die man gerne ausführt, obwohl sie nicht bezahlt werden. Die eine buddelt mit Begeisterung in ihrem Blumenbeet herum; der Nächste engagiert sich ehrenamtlich in seinem Fußballverein. Außerdem fallen für jeden immer wieder auch Aufgaben an, die wohl oder übel erledigt werden müssen, selbst wenn es kein Geld dafür gibt. Da muss gekocht, repariert, renoviert, gewaschen werden, ganze Scharen von Heimwerkern bauen um oder sogar neu. Da wird eingekauft und um jeden Cent gefeilscht, da werden kranke Familienangehörige gepflegt, egal ob alt oder jung. Der Alltag eines jeden Einzelnen besteht aus vielen Tätigkeiten, die unentgeltlich ausgeübt werden. Es sind jedoch auch nahezu dieselben Aufgaben, die von einem Teil der Berufstätigen tagtäglich hauptamtlich-professionell ausgeführt werden. Welche Neigungen, welche Interessen kennen Sie bei sich?

Das Zufriedenheitsbarometer

Übung

Schauen Sie sich die folgenden 20 Äußerungen an und entscheiden Sie jeweils, ob Ihnen diese Aussagen aus der Seele sprechen oder ob Ihnen solche Gefühlsausbrüche vollkommen abwegig erscheinen. Vielleicht kommen Sie auch über diesen Weg auf Ihre persönlichen Interessen, Neigungen und Wünsche. Kreuzen Sie einfach nur die für Sie zutreffenden Sätze an.

Im Grunde steht mir wesentlich mehr zu, als ich bekomme.	☐
Wenn mich jemand nach meinem Beruf fragt, denke ich mir meistens irgendwelche Geschichten aus.	☐
Manchmal würde ich am liebsten ausrasten.	☐
Wenn ich an meine Jobsituation denke, bin ich verbittert.	☐

Ich mache mir große Sorgen, wie ich in Zukunft für meinen Lebensunterhalt sorgen soll.	☐
Ich entwickle Hassgefühle gegen Arbeitgeber, die mir nach Vorstellungsgesprächen Absagen schicken.	☐
Manchmal frage ich mich, ob mir irgendjemand wirklich bei der Jobsuche helfen will.	☐
Immer öfter betrachte ich mich selbst als Versager.	☐
Die ganze Jobsuche erscheint mir ziemlich aussichtslos.	☐
Manchmal gerate ich in Panik.	☐
Ich bin sofort schlecht gelaunt, wenn ich mit Freunden über meinen Job spreche.	☐
Wenn ich sehe, wie zufrieden andere mit ihrer Arbeit sind, kann ich richtig neidisch werden.	☐
Es macht mir gelegentlich richtig Spaß, andere zu provozieren, manchmal auch bewusst zu ärgern und ein wenig zu quälen.	☐
Ich glaube, es hat überhaupt keinen Sinn, dass ich weiterhin meine Bewerbungsunterlagen verschicke.	☐
Ich werde schnell wütend, wenn die Dinge sich nicht so entwickeln wie erhofft.	☐
Ich gebe immer wieder anderen die Schuld für meine beruflichen Probleme.	☐
Ich streite mich auch mit denen, die versuchen, mir bei der Jobsuche zu helfen.	☐
Ich habe das Gefühl, potenzielle Arbeitgeber ignorieren mich ganz einfach.	☐
Im Grunde wehre ich mich innerlich gegen neue berufliche Ziele.	☐
Ich fühle mich isoliert von meiner Umwelt, insbesondere von denen, die beruflich erfolgreich sind.	☐

Zählen Sie nun, wie viele der Aussagen Sie angekreuzt haben. Sind es weniger als fünf, scheinen Sie noch recht zufrieden mit Ihrer augenblicklichen beruflichen Situation oder mit dem Verlauf Ihrer Jobsuche zu sein. Kommt man jedoch auf wesentlich mehr als sieben, spätestens ab zehn Ankreuzungen, verhindern Zorn und Frustration auch nur den kleinsten Fortschritt in Ihrer beruflichen Entwicklung. In diesem Fall ist es wichtig, den Ursachen der Wut auf den Grund zu gehen und Wege aus der verfahrenen Situation zu finden.

Wut ist die Reaktion auf Ereignisse, die man nicht kontrollieren kann. Falls sich die Dinge anders entwickeln als erhofft, kommen schnell Ärger und Rachegefühle auf. Wer einen Job sucht und immer wieder auf Ablehnung stößt oder wer von Arbeitgebern und Kollegen häufig und verletzend kritisiert wird, fühlt sich verständlicherweise in seiner Ehre gekränkt. Und Kränkungen machen krank. Wut auf andere ist natürlich auch eine Form des Selbstschutzes. Häufig sucht man die Schuld bei anderen, um Verletzungen des Selbstwertgefühls abzuwehren.

Nun ist Zorn nicht nur kontraproduktiv und lähmend, er macht früher oder später auch richtig körperlich krank. Damit es so weit erst gar nicht kommt, muss man sich mit den typischen Gründen für Wut auseinandersetzen. Natürlich ist diese Ursachenforschung nur der erste Schritt. Anschließend sollte man über sinnvolle Gegenreaktionen nachdenken.

Schlüsselbegriff Motivation

Man kann nicht von Zielfindung und Zeitplanung sprechen, ohne in diesem Zusammenhang auch auf Motivation einzugehen. Es mag zwar sein, dass Sie früher oder später für sich geeignete berufliche Ziele finden. Erreichen werden Sie Ihre Ziele jedoch nur, wenn Sie entsprechend motiviert sind.

Unter Motivation versteht man die Beweggründe für auf ein Ziel gerichtetes Verhalten. Dieser Antrieb kann bewusst oder unbewusst sein. Motivationen werden durch Interessen, Bedürfnisse und Gewohnheiten bestimmt. Sie betreffen meist die Folgen von Handlungen wie zum Beispiel Belohnung, Erfolg, Misserfolg oder Ansehen.

Motivation wird zu einem großen Teil von Persönlichkeitsmerkmalen bestimmt. Wer extrovertiert ist, hat weder Zeit noch Bedarf, stundenlang darüber nachzudenken, was ihn denn nun eigentlich antreibt. Er ist motiviert. Punkt. Wenn er etwas erreichen will, sieht er zu, dass er schnell ans Ziel gelangt. Er wird sich vorher kaum hinsetzen und überlegen, welche Probleme auf dem Weg zum Ziel auftreten könnten. Falls es unterwegs schwierig wird, gibt es bestimmt eine Lösung. »Wo ein Wille ist, ist auch ein Weg.«

Vorsichtige Menschen haben eher Motivationsprobleme als aktive. Wer sehr genau Vor- und Nachteile analysiert, bevor er handelt, belässt am Ende häufig alles beim Alten. Da weiß er wenigstens, woran er ist.

Wie wichtig ist Motivation?

In gewisser Hinsicht kann man sagen, dass Motivation für das berufliche Fortkommen fast wichtiger ist als Persönlichkeit oder Fähigkeiten. Vielleicht fallen auch Ihnen intelligente Menschen ein, die absolut nicht leistungsorientiert sind. Umgekehrt gelangt manch einer an die Spitze, dem man es überhaupt nicht zugetraut hätte. Woran liegt es zum Beispiel, dass der eine bis zum Umfallen kämpft, während der andere bei der kleinsten Schwierigkeit aufgibt?

Was für den Einzelnen beruflich möglich oder nicht möglich ist, hängt zu einem großen Teil von seiner Motivation ab. Das lässt sich sehr gut daran ablesen, dass beste Schulnoten oder ein ausgezeichnetes Universitätsexamen nicht automatisch auf großen beruflichen Erfolg hinauslaufen. So findet man Hochschulabsolventen, die Botengänge für Unternehmer verrichten – oder Menschen, die im Mathematikunterricht kaum acht durch zwei dividieren konnten und deshalb bei der erstbesten Gelegenheit die Schule verlassen haben. Jedoch gelingt es nicht jedem, das Beste aus seinem Potenzial zu machen. Manchem fehlt es an Energie, Antrieb und Zielbewusstheit – also an Motivation.

Motivation hat viele Ursprünge: Angst, Liebe, Neid oder Mitgefühl. Die Wurzeln liegen sicherlich im Überlebenstrieb. Wer unter Hunger oder anderen extremen Notlagen leidet, wird mit allen Mitteln versuchen, sich aus diesen Situationen zu befreien. Aber sobald unsere Grundbedürfnisse befriedigt sind, motiviert uns nur noch, was uns Spaß macht.

Für die meisten Menschen liegt die Bedeutung der Arbeit irgendwo zwischen Überleben und Vergnügen. Zumindest in den westlichen Industrieländern sorgt ein soziales Netz dafür, dass man ohne Arbeit nicht verhungern muss. Wer aber mehr verlangt als Brot auf dem Tisch und ein Dach über dem Kopf, für den wird Arbeit wichtig.

Manche Menschen ertragen ihren Job überhaupt nur, weil sie hier das Geld für ihre Freizeitaktivitäten verdienen. Diese ökonomische Sicht – Arbeitsleistung gegen Geld – ist heute zum Glück nicht mehr so populär wie in der Vergangenheit. Wir verlangen, dass uns die Arbeit selbst Spaß macht. Natürlich wollen wir Geld verdienen, aber außerdem erwarten wir Zufriedenheit, Anerkennung und Zuneigung. Wobei es sicherlich unterschiedliche Dinge sind, die uns motivieren. Deshalb sollten wir bei der Berufswahl versuchen, unsere ganz speziellen Vorstellungen zu verwirklichen.

In der Theorie klingt das großartig. Doch die wenigsten sind vollkommen unabhängig in ihren Entscheidungen. Die einen wurden in ihrer Kindheit ständig von Erwachsenen kritisiert; die anderen mussten sich mit Schulfächern herumplagen, die sie nicht interessierten. Vielleicht ist man jahrelang den Weg des geringsten Widerstands gegangen und hat einfach immer das getan, was von einem erwartet wurde. Wenn man sich selbst und seine Fähigkeiten besser erkannt hätte und wenn einem klar gewesen wäre, wie man seine Interessen durchsetzt, sähe heute manches anders aus.

Zum Glück gibt es aber auch genügend Menschen, die frühzeitig herausfinden, was sie motiviert. Man muss sich einfach nur fragen, auf welche Schulfächer man sich freut, welche Fernsehsendungen einen interessieren oder was man in seiner Freizeit am liebsten macht. Treiben Sie lieber Sport oder lesen Sie gern? Treffen Sie sich häufig mit Freunden oder sehen Sie lieber fern? Wer sich ein wenig Zeit nimmt, findet leichter heraus, was ihn antreibt. Jeder von uns kann auf einen großen Informationsschatz zurückgreifen. Im Laufe der Jahre haben wir unzählige Informationen empfangen, verarbeitet, ausprobiert, akzeptiert oder abgelehnt.

Durch Gespräche, Zeitungsartikel, Bücher oder Fernsehbeiträge bekommen Sie einen ersten Eindruck davon, was Sie in einzelnen Berufen erwartet. Bewusst oder unbewusst werden Sie jeweils überlegen, ob diese Aufgaben Sie reizen könnten. Auf diese Weise lernen Sie sich besser kennen und erforschen Ihre eigene Motivation.

Wie kommt es nun, dass Sie nach allen Betrachtungen immer noch nicht genau wissen, was Sie beruflich wirklich reizt? Vielleicht liegt es daran, dass Sie sich bisher immer nur für die Jobs interessiert haben, die Ihnen angeboten wurden. Oder Sie arbeiten in einem Beruf, der Sie zwar vor Jahren ausfüllte, mittlerweile haben Sie aber andere Interessen. Unter Umständen ist Ihnen auch gar nicht klar, welche Anforderungen in den einzelnen Berufen eigentlich gestellt werden und ob Sie diese auf Dauer gerne erfüllen möchten.

Was motiviert Sie?

Am besten fragen Sie sich zunächst einmal, was Sie ganz von allein motiviert. Denken Sie dabei an Aktivitäten oder Dinge, auf die Sie sich freuen. Es gibt bestimmt etwas, wofür Sie sich mit allen Mitteln einsetzen.

Wer wirklich motiviert ist, den kann man kaum stoppen! Da helfen dann auch alle »guten Ratschläge« von außen nicht. »Brauchst du denn wirklich das neue Auto, solltest du nicht lieber etwas Geld zur Seite legen?« oder »Musst du im Urlaub wirklich zum Survivaltraining in den Himalaja? Fahr doch lieber mit Helga nach Heringsdorf und miete dir einen Strandkorb.« Ja, man braucht das neue Auto, und Strandurlaub kann man nächstes Jahr auch noch machen.

Sie sehen, im Idealfall muss man über Motivation gar nicht großartig nachdenken. Nur wenn Sie sich beruflich verändern wollen, aber den

Ansatzpunkt noch nicht gefunden haben, bleibt es Ihnen nicht erspart, sich Ihre Motivation Schritt für Schritt zu erarbeiten. Das klingt mühsam, ist aber in jedem Fall besser als passiv zu bleiben, obwohl man unzufrieden ist.

Wenn Sie sich intensiv mit den Übungen im ersten Teil auseinandergesetzt haben, sind die Grundlagen für Ihre Motivation schon vorhanden. Was Ihnen jetzt noch fehlt, sind:

> *Mut, etwas Neues auszuprobieren, und Menschen, die Sie unterstützen – oder drastischer ausgedrückt: Freunde, die Sie antreiben.*

Über das meiste, was Motivation ausmacht, haben Sie sich bereits Gedanken gemacht. Werfen Sie ruhig noch einmal einen Blick auf Ihre Notizen vom Anfang des Buches.

Übung

Diese Fragen[5] bringen Sie jetzt konkret weiter:

- Welche Herausforderungen und Arbeitsaufgaben stellen Sie sich reizvoll vor?
- In welcher Umgebung und in welchem geistigen und emotionalen Klima würden Sie am liebsten arbeiten?
- Mit welchen Menschen würden Sie bevorzugt zusammenarbeiten?
- Auf welcher Wissensgrundlage wären Sie am liebsten tätig?
- Mit welchen Dingen möchten Sie sich vornehmlich beschäftigen?
- Welche kurz-, mittel- und langfristige Arbeitsmotivation haben Sie und welche Ergebnisse sind Ihnen ganz besonders wichtig und warum?

Welche Herausforderungen und Arbeitsaufgaben stellen Sie sich reizvoll vor?

Mögliche Aufgabenfelder gibt es nicht nur in personen-, daten-, ideen- und produktbezogenen Bereichen, sondern auch in den vier großen Kernbereichen wie Handwerk und Technik, Verkaufs- und Verwaltungswelt, Natur- und Geisteswissenschaften sowie in den Bereichen des Künstlerischen und Kreativen.

Ich will mich engagieren für Aufgaben …

- im Gesundheitswesen (z. B. Prävention, Pflege)
- in der Finanzwelt (z. B. Buchhaltung, Controlling, Steuerberatung)
- in der Verkaufswelt (z. B. Marketing, Logistik)
- in der Medien- und Kommunikationsbranche (z. B. Werbung, Journalismus)
- in der Technik (z. B. Handwerk, Ingenieurberufe)
- in der Nahrungs- und Genussmittelbranche (Agrarbereich, Hotel, Gastronomie)
- in der Verwaltung und Organisation
- im Banken- und Versicherungswesen
- im Bereich Transport und Verkehr
- in der Kultur- und Kunstszene

Ergänzen Sie und präzisieren Sie die Bereiche.

In welcher Umgebung und in welchem geistigen und emotionalen Klima würden Sie am liebsten arbeiten?

Machen Sie sich zunächst Gedanken, wo Sie gerne leben wollen. Schreiben Sie Ihre bisherigen Wohnorte auf, und überlegen Sie, was Ihnen dort gut gefiel und was Sie störte (z. B. »meiste Zeit des Jahres gutes Wetter«

oder »unangenehme Nachbarn/Zeitgenossen«). Vielleicht erscheint Ihnen diese Übung albern, weil Sie Ihren Lieblingsort längst kennen. Im Idealfall ist es Ihr jetziger Wohnort. Trotzdem sollten Sie sich die Mühe machen, Vor- und Nachteile aufzulisten.

Für die Wahl des richtigen Arbeitsplatzes ist auch dessen emotionales und geistiges Klima von großer Bedeutung. Notieren Sie, was für Sie im Leben wichtig ist, welche Werte und Ziele Sie haben, worin Sie den speziellen Sinn Ihres (Berufs-)Lebens sehen. Wählen Sie aus diesen Kriterien alle Punkte aus, die Ihnen für Ihren nächsten Arbeitsplatz wichtig oder sogar unverzichtbar erscheinen.

Mit welchen Menschen würden Sie bevorzugt zusammenarbeiten?

Nun sollten Sie sich überlegen, mit wem und *für wen* Sie am liebsten arbeiten wollen. Es geht also um die Definition von Zielgruppen. Wenn Sie zum Beispiel gerne unterrichten, müssen Sie sich für bestimmte Alters- und Problemgruppen entscheiden.

Am liebsten arbeite ich …

- alleine und nur für mich, ohne Vorgesetzte,
- nur für einen/meinen Chef,
- gelegentlich mit anderen zusammen, in einem kleinen Team
- mit vielen in einer großen, lockeren Gruppe
- ständig mit wechselnden, ganz unterschiedlichen Personen
- nur mit besonderen Experten.

Meine Zielgruppe, mit der und für die ich arbeiten möchte:

> Frauen, Männer, Profis, Amateure, Kinder, Jüngere, Alte, Intellektuelle, Angestellte, Arbeiter, Schüler, Studenten, Arbeitslose, Ausländer, Ober-/Unterschicht, bestimmte Religionsanhänger …

Als direkte Kollegen bevorzuge ich:

Gleichaltrige, Jüngere, Ältere, Frauen, Männer, Personen mit bestimmtem kulturellen, wirtschaftlichen, sozialen oder religiösen Hintergrund.

Auf welcher Wissensgrundlage wären Sie am liebsten tätig?

Wenn es um die Bereitstellung von Informationen und Wissen geht, können Sie einerseits auf Ihr durch Ausbildung und durch andere Erfahrungen erworbenes Wissen zurückgreifen. Andererseits können Sie sich natürlich auch die verschiedenen Medien zur Beschaffung von Wissen zunutze machen. Im Bereich der Medien müssen Sie entscheiden, ob Sie lieber mit Büchern oder mit Zeitschriften, mit Zeitungen, Bildern, Computern, Videobändern oder Statistiken arbeiten.

Welcher Ausbildungs- und Erfahrungshintergrund soll besonders zum Einsatz kommen? Wählen Sie zwischen Wissen, das erworben wurde …

- in der Schule oder an der Universität (z. B. Spanisch, Biologie, Psychologie, Soziologie)
- in einer innerbetrieblichen Ausbildung oder ganz einfach dadurch, dass man die Arbeit ausführt (z. B. Arbeiten mit dem Computer, Erstellen von Plänen)
- in Seminaren oder Kursen (z. B. Zeichnen, schnelles Lesen)
- durch persönliche Einführungen (von Freunden) oder durch Bücher (z. B. Nähen, Kenntnisse über Antiquitäten, Überlebenstraining)

In welchen Berufsfeldern wollen Sie Ihr Wissen zum Einsatz bringen? Beispiele für Berufsfelder …

- beim Arbeiten mit Menschen: zum Beispiel in der medizinischen Versorgung, Personalentwicklung, Erziehung und Ausbildung, Sport und Freizeit
- beim Arbeiten mit Dingen: Handwerk, Technik, Landwirtschaft, Buchhaltung, Labor, Fabrikproduktion
- bei Arbeiten mit und in der Welt der komplexen Zahlen, Daten und Systeme
- in anderen Bereichen, die sich nicht einordnen lassen: Kultur, Theater, Kunst, Musik, Sprachen, Religion

Natürlich können Sie auch Felder auf Ihre Liste setzen, die Sie bisher noch nicht beherrschen, die Sie aber sehr interessieren. Dann müssen Sie sich allerdings überlegen, wie Sie die fehlenden Kenntnisse erwerben können.

Mit welchen Dingen möchten Sie sich vornehmlich beschäftigen?

Sie sollten nun aufschreiben, mit welchen Dingen Sie sich gerne und überwiegend beschäftigen wollen. Wählen Sie aus der folgenden Liste Ihre bevorzugten Themen und Objekte aus:

- Dinge aus der Natur: Pflanzen, Bäume, Obst, Erde
- Tiere: Kleintiere, Nutztiere, exotische Tierarten
- Technische Geräte: Haushaltsgeräte, TV/Radio/Hi-Fi
- Kraftfahrzeuge, Transportmittel: LKW, Auto, Fahrräder, Flugzeuge, Züge, Boote
- Bürotechnik, Informationselektronik: Computer, Fax, Kopierer, Telefon, Handy
- Bekleidung: Ober-/Unterbekleidung, Schuhe, Nähmaschinen
- Industriegüter: Maschinen, Werkzeuge, Produkte, Kontrollinstrumente
- Nahrungsmittel: Fleisch, Milchprodukte, Brot

- Immobilien: Miet-/Familienhäuser, Eigentums-/Mietwohnungen, Wohnwagen
- Einrichtungsobjekte: Tapeten, Teppiche, Möbel, Geschirr, Badewannen
- Spielzeug: Gesellschafts- und Kartenspiele, Spielautomaten
- Medizin: Arzneimittel, Brillen, Zahnersatz, Hörgeräte
- Gartenzubehör: Schaufeln, Rasenmäher, Düngemittel
- Materialarten: Papier, Holz, Stahl, Plastik, Stoff, Pflanzen
- Menschen: Kunden, Patienten, Lernende, Ratsuchende, Künstler.

Zögern Sie nicht, diese Liste für sich individuell zu erweitern.

Welche kurz-, mittel- und langfristige Arbeitsmotivation haben Sie und welche Ergebnisse sind Ihnen wichtig?

Nicht Versuche zählen in der Arbeitswelt, sondern Erfolge. Etwas mutig auszuprobieren ist sicher ehrenvoll, etwas zu erreichen, zu bewirken eindeutig besser. Voraussetzung: Sie wissen, was Sie wollen, haben ein konkretes Ziel vor Augen und arbeiten erfolgreich darauf hin. Das erfordert eine gewisse Planung.

Welche Ergebnisse möchten Sie erzielen, auf welche Weise und warum? Versuchen Sie, die Frage mithilfe der Motivationsliste zu beantworten.

Ich will vor allem:

- etwas bewirken, maximalen Einfluss nehmen, etwas voranbringen, erreichen, gestalten, verantworten, bestimmen, entscheiden, organisieren, managen, etwas durchsetzen, initiieren (1)
- helfen, unterstützen, erziehen, ermutigen, aufbauen, anderen etwas beibringen, erklären, zeigen, vermitteln, beraten, andere interessieren, aufmerksam machen, unterrichten (2)

- etwas herausfinden, weiterentwickeln, verbessern, entdecken, analysieren, erforschen, ausprobieren, zum Laufen bringen, erfinden, beweisen (3)

Drei Hauptrichtungen sind hier vertreten: (1) Macher und Führungspersonen, (2) Helfer und Lehrer, (3) Forscher und Künstler.

Macht, Einfluss, Geld und Besitz oder doch eher Zuwendung, Anerkennung, Ruhm und Ehre – oder ist es Neugier und Forscherdrang? Was treibt Sie an? Mit welchen drei Aussagen können Sie sich am ehesten identifizieren?

Im Folgenden eine Kurzübersicht über weitere Motive:

- Mir geht es um die Verantwortung.
  Mich reizt die Herausforderung, ich will etwas beweisen, ich will Anerkennung, etwas bestimmen, ich will mir auch etwas Ordentliches leisten können, mir kommt es vor allem auf das gute Miteinander an, die Wertschätzung dessen, was ich tue, ein harmonisches Arbeitsklima, ich will etwas Neues kreieren, mir geht es nur um die Sache …

Denken Sie über Ihre Leitmotive nach. Es lohnt sich. Denn jeder von uns will oder muss über das Produzieren, Helfen oder Informieren hinaus zumindest genügend Geld für den Lebensunterhalt verdienen. Viele Menschen erwarten von ihrer Arbeit noch weitere Belohnungen als nur Geld. Suchen Sie aus der folgenden Liste heraus, was Ihnen wichtig erscheint, und ergänzen Sie:

- Ich erstrebe …
  … Anerkennung, Bewunderung, Ruhm und Ehre, viele Kontakte zu anderen Menschen, anderen helfen zu können, Macht und Einfluss auszuüben, materielle Unabhängigkeit oder Sicherheit, geistige Anregungen, kreativen Kick, Befriedigung von Abenteuerlust und Nervenkitzel …

Wenn Sie die ausgewählten Belohnungen in die auf Ihre Bedürfnisse zugeschnittene Rangfolge gebracht haben, ist die Übung abgeschlossen. Jetzt stehen Ihnen die Informationen über Ihren idealen Arbeitsplatz zur Verfügung, die Sie für eine erfolgreiche Arbeitsuche benötigen. Und doch bleibt noch eine Frage offen: Was möchten Sie mit Ihrer Arbeit insgesamt bewirken? Was wollen Sie am Ende Ihres (Berufs-)Lebens erreicht haben? Nehmen Sie ein Blatt Papier und beantworten Sie auch diese Fragen.

Nach diesem wichtigen Teil Ihrer Ziel- und Motivanalyse schreiben Sie bitte wieder auf, was für Sie an Erkenntnisgewinn (egal ob Sie es bereits ahnten oder es für Sie völlig neu ist) durch die Bearbeitung dieses Kapitels entstanden ist, und fügen Sie im Anschluss Ihre Meinung, Ihre Ideen, Ihre spontanen Assoziationen dazu. Ihr OO wartet auf erkenntnisreiche Seiten.

Durch die schriftliche Auseinandersetzung werden Sie sich ganz intensiv mit den Ergebnissen beschäftigen und auch davon optimal etwas in Ihr Bewusstsein bekommen. Diese Extraarbeit lohnt sich! Aber das wissen Sie ja hoffentlich schon.

Erfolgskombinationen – Eigenschaften, Fähigkeiten, Neigungen

Das Gesamte ist mehr als die Summe seiner Teile.

Zentrale Aussage der Gestalttheorie

Es genügt nicht, gute geistige Anlagen zu besitzen.
Die Hauptsache ist, sie gut anzuwenden.

René Descartes

Wie Sie aus Ihren Ergebnissen das Beste machen

Zu Beginn der Potenzialanalyse hatten wir uns mit Merkmalen Ihrer Persönlichkeit, mit Ihren Charakterzügen und individuellen Eigenschaften beschäftigt. Dann ging es um Ihre besonderen Fähigkeiten und speziellen Kompetenzmerkmale. Im vorangegangenen Kapitel standen Ihre Interessen, Neigungen und Bedürfnisse im Vordergrund.

Bevor wir auf Ihre Chancen zu sprechen kommen und uns dann noch den Realisierungsmöglichkeiten zuwenden, jetzt zu der wichtigen Kombination aus Persönlichkeits-, Fähigkeits- und Interessenmerkmalen, um so berufliche Richtungshinweise zu erhalten, aber auch um Ihnen etwas als Leistungsangebot für Ihren potenziellen Arbeitsplatzbieter an die Hand (besser ins Bewusstsein) zu geben. Die Frage, die jetzt zu beantworten ist, lautet: In welches Aufgabengebiet passen genau Ihre Stärken wie der sprichwörtliche Schlüssel zum Schloss? Mit welchen Qualitäten und Fähigkeiten können Sie erfolgreich Probleme lösen, Aufgaben konstruktiv bewältigen?

Es liegt auf der Hand: Wenn Sie ein sehr introvertierter, ruhiger Mensch sind, Geduld und Konzentrationsvermögen Ihre besonderen Fähigkeitsmerkmale sind, Abwarten Ihnen keine Qualen bereitet und Sie über ein gewisses manuelles Geschick verfügen, gerne autonom und alleine für sich arbeiten, das Wasser und den Wind lieben, könnten Sie Ihren Lebensunterhalt auch als Fischer verdienen.

Umgekehrt: Sie sind nicht gerne allein, brauchen möglichst viele Menschen um sich und jede Menge Kontaktmöglichkeiten, verfügen über Charme und gutes Benehmen, kommen bei anderen immer gut an und mit jedem gut klar, sind schnell in einen Small Talk verwickelt, dabei ausgesprochen hilfsbereit und sofort engagiert, wenn man Sie um einen Gefallen bittet, dann könnte für Sie das richtige berufliche Betätigungsfeld an der Rezeption eines Hotels sein.

Vielleicht etwas holzschnittartig, aber es ging uns um eine leicht nachvollziehbare Demonstration. Zwei weitere Beispiele, die noch deutlicher das Gesamtergebnis aus den drei Bereichen der Persönlichkeits-, Fähigkeits- und Interessenmerkmale vermitteln, folgen hier:

1. Beispiel

- *Persönlichkeitsmerkmale:* Sie sind selbstsicher, mutig, schnell entschlossen, dominant, ungeduldig, leicht rivalisierend, etwas stark auf sich bezogen bis egoistisch, haben Ihren Vorteil immer klar im Auge.
- *Fähigkeitsmerkmale:* Sie können leicht lohnenswerte Ziele identifizieren, andere überzeugen, etwas für sich und Ihre Ziele zu tun, Aufgaben gut delegieren, sind willens- und durchsetzungsstark, haben ein geschicktes Händchen, die für Sie richtigen Mitstreiter auszuwählen, und ein ausgeprägtes Kosten-Nutzen-Bewusstsein.
- *Interessenmerkmale:* Sie brauchen ein großes Maß an Gestaltungsfreiheit und Unabhängigkeit, scheuen sich nicht vor der vollen Verantwortung, wollen schnell positive, ertragsstarke Ergebnisse erzielen.

Damit wären Sie so etwas wie eine typische Chef-Figur, eine Unternehmerpersönlichkeit.

2. Beispiel

- *Persönlichkeitsmerkmale:* Sie sind sehr gut organisiert, eher etwas zurückhaltend bis verschlossen, wirken auf andere sehr sachlich, fast schon ein bisschen zu kühl und haben einen klaren, wachen Verstand, aber auch einen Hang zum Perfektionismus.

- *Fähigkeitsmerkmale:* Sie können Dingen auf den Grund gehen, brillante Analysen durchführen, verfügen über ein sehr gutes Gedächtnis, können aber auch sehr nachtragend sein und Ihre Welt sind die Zahlen, nicht die große Auseinandersetzung oder Diskussion mit anderen Personen.

- *Interessenmerkmale:* Sie brauchen geordnete Verhältnisse, die Sie sich aber auch gerne selbst schaffen, keine oder möglichst nur sehr wenige Veränderungen, ein kalkulierbares Umfeld, Sicherheit und Regelmäßigkeit.

Damit sind Sie wahrscheinlich ein guter Buchhalter oder Controller.

Vielleicht gelingt es Ihnen jetzt bereits allein oder mithilfe von Unterstützern, durch die Kombination Ihrer drei Hauptergebnisse (aus Persönlichkeit, Fähigkeiten, Interessen) eine Art beruflichen Betätigungswegweiser zu erhalten.

Mit unserem Potenzialanalyse-Test (PAT) ab Seite 167 haben Sie ein zusätzliches Instrument, um herauszufinden, wie sich Ihre Persönlichkeits- und Kompetenzmerkmale kombinieren und welches berufliche Terrain sich dadurch erschließen lässt. Der Interessen-Intensitäts-Test ab Seite 211 verdeutlicht Ihnen darüber hinaus, welche Neigungen in welcher Stärke bei Ihnen vorhanden sind.

Ihr Leistungsangebot

Hier nochmals eine Übung, die Ihnen helfen soll, dem Potenzial aus der Kombination der drei Merkmalsquellen (Persönlichkeits-, Fähigkeits- und Interessenmerkmale) systematisch auf die Spur zu kommen.

Wenn Sie Außergewöhnliches leisten, nehmen Ihre Mitmenschen Notiz davon. Wer eine neue berufliche Aufgabe und Position sucht, tut gut daran, möglichst durch besondere Leistungen (bzw. Leistungsversprechen) aufzufallen. Sie könnten es auch Erfolge nennen, die Sie in der Vergangenheit aufzuweisen hatten, die jetzt in der Gegenwart stattfinden und vor allem die Sie für die Zukunft in Aussicht stellen. Im Folgenden geht es noch einmal darum, Ihre besondere Kombination von Persönlichkeits-, Fähigkeits- und Interessenmerkmalen aufzudecken, weil sich genau daraus Ihre Potenziale, Ihre zukünftigen Einsatzmöglichkeiten ableiten lassen, quasi im Sinne einer Vorhersage Ihres Leistungsvermögens.

Das wissen Sie: Ihre zukünftigen, aber auch Ihre bereits erbrachten Leistungen sind der Schlüssel für die Erstellung Ihres sogenannten Lebenslaufes (besser: beruflichen Werdegangs), sind Basis für das erfolgreiche Absolvieren von Vorstellungsgesprächen und damit für die Eroberung eines von Ihnen gewünschten Arbeitsplatzes.

Wir kaufen etwas, wenn wir überzeugt sind, dass wir es (ge)brauchen können, dass es für uns von Nutzen ist und in einem günstigen Preis-Leistungs-Verhältnis steht. Dieses Marketingprinzip gilt auch für den Arbeitsmarkt. Ein Arbeitgeber wird sich nur für Sie interessieren, wenn er von Ihren früheren Erfolgen und von Ihren aktuellen sowie für die Zukunft in Aussicht gestellten Leistungen beeindruckt ist und sich davon etwas für sich und sein Unternehmen verspricht. Und auch Sie sollten in Ihrem eigenen Interesse solche Hoffnungen aufkommen lassen, also ganz bewusst Versprechungen dieser Art machen und gezielt einsetzen.

Übung

In der folgenden Übung geht es noch einmal um Ihre besonderen Leistungen und Erfolge, große und auch kleine, kurz um das, was Sie bisher persönlich alles erreicht haben: die Verbesserung einer unbefriedigenden Situation, die Lösung eines schwierigen Problems, ein materieller oder geistiger Gewinn, den Sie vorzuweisen haben.

In der Liste Ihrer besonders hervorhebenswerten Leistungen und Erfolge sollten Sie Ihre gesamte schulische und berufliche Laufbahn, ja sogar Ihre persönliche Entwicklung mit berücksichtigen. Denken Sie an jedes Ereignis, das von anderen bewundert wurde oder auf das Sie stolz waren. Erinnern Sie sich an Ihren ersten Job. Vielleicht haben Sie in den Schulferien gearbeitet, um Ihr Taschengeld aufzubessern. Ziehen Sie für Ihre Liste jede wichtige und ergebnisreiche Arbeit, Problemlösung, überwundene Krise et cetera in Betracht, die Sie im Laufe Ihres Lebens erfolgreich vorzuweisen haben. Es geht darum, aus diesen »Erfolgsgeschichten« – oder nennen wir sie »Leistungsberichte« – die gemeinsamen Erfolgsfaktoren herauszufiltern, die Ihr besonderes Potenzial ausmachen, um daraus abzuleiten, wo Ihre besten Einsatzchancen liegen.

Beispiel:

Ihre Liste beruflicher Erfolge sollte Situationen wie die folgenden beinhalten:

- Sie lösten ein Problem oder bewährten sich in einer Ausnahmesituation.
- Sie haben etwas neu geschaffen oder aufgebaut.
- Sie entwickelten oder verbesserten eine Idee, ein Konzept, eine Vorgehensweise.
- Sie zeigten Führungsqualitäten, als man Sie herausforderte.
- Sie hielten sich (oder eben gerade nicht) an spezielle Anweisungen und erreichten so das Ziel.
- Sie erkannten ein besonderes Bedürfnis und befriedigten es.
- Sie haben aktiv zu einer Entscheidung oder einem Wechsel beigetragen.
- Sie steigerten den Gewinn oder reduzierten die Kosten.
- Sie halfen jemandem, sein Ziel zu erreichen.
- Sie sparten Zeit und Geld.

Im Einzelnen:

1. Wo lag das Problem?
2. Wie lösten Sie es?
3. Welche Fähigkeiten setzten Sie ein?
4. Welche Ihrer Persönlichkeitsmerkmale halfen Ihnen dabei?
5. Welchen Vorteil hatten Sie und andere?
6. Wie profitierte Ihr Unternehmen?

Wodurch wurde Ihr Erfolg erzielt?
Beispielsweise durch:

- veränderte Einsatzplanung
- Kreativität
- Einsparungsmaßnahmen
- Spitzenleistungen
- Gewinnbeteiligung
- Erfindungen
- Umsatzerhöhung
- Entdeckungen
- Effektivitätssteigerung
- Unterrichten
- neue Auftraggeber finden
- Restrukturieren
- Bewältigung einer schwierigen Situation
- Motivieren

Welche Leistungen führten Sie zum Erfolg?
Beispielsweise:

- Leistungssteigerung
- Zeitersparnis
- bessere Gestaltung von Produkten

- Verbesserung des Betriebsklimas
- gesteigerte Zuverlässigkeit
- Abfallreduzierung
- bessere Arbeitsbedingungen
- neue Talente für das Unternehmen finden
- Erschließung neuer Märkte

Welche von Ihren Persönlichkeitsmerkmalen waren dafür besonders hilfreich?
Beispielsweise:

- hartnäckige Ausdauer und Geduld
- starke Nerven, Stressresistenz
- Kommunikations- und Kontaktfähigkeit
- Verhandlungsgeschick, Diplomatie
- Einfallsreichtum, Kreativität

Beim Auflisten Ihrer Leistungen sollten Sie versuchen, zunächst so weit wie möglich ins Detail zu gehen. Es gibt unzählige mögliche Themen. Beschreiben Sie, wie Sie eine Reklamation bearbeiteten, einen wichtigen Großkunden warben, ein neues Produkt oder Dienstleistungsangebot entwickelten, eine Initiative für irgendetwas starteten, eine Filiale eröffneten, eine Abteilung leiteten, Ihre Kollegen motivierten oder EDV-Probleme lösten. Als Berufseinsteiger können Sie zum Beispiel darstellen, wie Sie Ihre Wohnung renovierten oder ein neues Auto kauften. Bei der Themenwahl sind Ihrer Fantasie keine Grenzen gesetzt.

Berücksichtigen Sie in Ihrer »Erfolgsgeschichte« unbedingt die folgenden Punkte:

- *Das Ziel*, das Sie erreichen wollten: »Ich brauchte ein anderes Auto.«
- *Ein Hindernis*, das sich Ihnen in den Weg stellte: »Als Student konnte ich mir keinen Neuwagen leisten.«

- *Schilderung Ihres Vorgehens*, Schritt für Schritt: »Ich bat einen Freund, der Automechaniker ist, mich beim Kauf zu beraten. Wir schauten in die Autobeilage der Zeitung und wählten verschiedene Angebote aus.«
- *Beschreibung des Resultats*: »Ich entschied mich letztlich für ein vier Jahre altes Modell, mit dem ich bis heute sehr zufrieden bin.«
- *Eine messbare Angabe zur Leistung*: »Im Vergleich zu einem Neuwagen sparte ich etwas mehr als 7.000 Euro.«

Beschreiben Sie die von Ihnen ausgewählten »Leistungsberichte« so genau wie möglich, denn erst dann lassen sich aus Ihren Erfolgsberichten übertragbare Verhaltens- wie auch Fähigkeitsmerkmale und sogar auch Neigungen ableiten. So zögert der Autokäufer in unserem Beispiel nicht, andere zu Rate zu ziehen, weil er sich davon ein besseres Ergebnis verspricht – eine Eigenschaft, die Arbeitgeber interessieren wird, denn es gibt zu viele Angestellte, die aus falschem Stolz oder aus Angst, Schwächen einzugestehen, lieber allein »herumwursteln«, als andere um kompetente Hilfe zu bitten.

Wenn es Ihnen beispielsweise im Vorstellungsgespräch gelingt, eine derartige Erfolgsstory zu vermitteln, wenn Sie Ihr *Leistungspotenzial* glaubhaft darzustellen vermögen, kann das den Ausschlag dafür geben, Ihnen den Job anzubieten.

Hinter jeder Ihrer Leistungen standen beziehungsweise stehen genau die Faktoren, eine Mischung, eine besondere Kombination von Persönlichkeits-, Fähigkeits- und Interessenmerkmalen, die Sie ans Ziel brachten, die Ihren Erfolg ermöglichten. Wenn Sie Ihre Erfolge schildern, zeigen Sie dem potenziellen Arbeitgeber, wie Sie mit Ihrem Leistungspotenzial an Aufgaben in seinem Betrieb herangehen würden. Sie vermitteln ihm einen Eindruck von dem, was er von Ihnen erwarten kann, falls er Sie einstellt. Und genau das sind die Ergebnisse, die Potenziale, um die es nicht erst im Vorstellungsgespräch geht, sondern bereits im Vorfeld, wenn Sie selbst sehen wollen, was alles für Sie mit einer größtmöglichen Erfolgsaussicht beruflich als Aufgabe infrage kommen könnte.

Berücksichtigen Sie dabei unbedingt auch *Ergebnisse, Leistungen* beziehungsweise *Erfolge*, die Sie bisher nicht als Gelderwerbsquellen angesehen hatten. Vielleicht bauen Sie mit Vergnügen Dinge zusammen, haben Spaß am Schreiben oder malen gerne Bilder. Es reicht allerdings nicht aus, nur allein talentiert zu sein. Sie müssen den Wunsch und den Willen haben, Ihre Fähigkeiten auch wirklich ein- und umzusetzen. Das ist genau der Punkt, an dem viele Begabte scheitern. Zum Aufbau einer Karriere gehören Zielstrebigkeit und Disziplin unbedingt dazu. Es geht also immer auch um Ihren Leistungswillen, um die Frage, was Sie antreibt, was Ihre Interessen sind. Wir kommen später noch mehrmals ausführlich darauf zurück. Und wir zeigen Ihnen auch, worauf es ankommt, um Ihre Leistungspotenziale gut zu vermarkten.

Hier wird es jetzt schon ganz deutlich: Neben Ihren Fähigkeiten ist es wichtig, dass Sie das, was Sie tun, auch noch besonders gerne tun (es entspricht Ihren Neigungen, Ihrer persönlichen Interessenlage). Und bedingt durch Ihre Persönlichkeit (oder Ihre Wesens- und Charakterzüge) wird genau diese Tätigkeit, Fähigkeit und Neigung ganz besonders unterstützt, begünstigt und gefördert.

Dazu ein Beispiel: Sie können wunderbar kochen. Alle Welt lobt Ihre Gerichte. Sie freuen sich über diese Komplimente, aber eigentlich finden Sie Kochen weniger reizvoll, eher langweilig. Ihr Interesse geht viel stärker in die Richtung, Menschen erklären zu wollen, was gesunde Ernährung sein kann und wie wichtig eine gesundheitsbewusste Lebensführung ist. Gepaart mit Ihrem guten sprachlichen Ausdrucksvermögen und Ihrem pädagogischen Geschick könnte Ihre berufliche Zukunft im Bereich der Ökotrophologie (Lebensmittel- und Ernährungswissenschaft) liegen, vielleicht als Gesundheitsberater/-in auf diesem Gebiet oder ähnlich.

Stärken, Fähigkeiten und Werte

Auf vieles kommt es an ... auf diese Kombination von Persönlichkeits- und Kompetenzmerkmalen aber ganz besonders! Es geht um emotionale Intelligenz und soziale Kompetenz.

1. Übung

Bewerten Sie sich selbst und lassen Sie sich später von andern einschätzen.

1 = sehr gut 3 = befriedigend 5 = mangelhaft
2 = gut 4 = ausreichend 6 = ungenügend

- **Sensibilität**
  Einfühlungsvermögen
  Probleme und Gefühle anderer erkennen und berücksichtigen
  realistische Einschätzung der Wirkung der eigenen Person auf andere

  1 2 3 4 5 6

- **Kontaktfähigkeit**
  auf andere Menschen zugehen können
  Kommunikationsbereitschaft
  andere an Gesprächen teilhaben lassen
  Offenheit bei eigenen Zielen, Absichten und Methoden
  vertrauensvoller und hilfsbereiter Umgang mit anderen

  1 2 3 4 5 6

- **Kooperationsfähigkeit**
  Aufgreifen und Weiterführen der Ideen anderer
  sich nicht auf Kosten anderer profilieren
  den eigenen Erfolg mit anderen teilen können
  Verzicht auf Konkurrenzdenken, Machtinteressen und Rivalität

  1 2 3 4 5 6

- **Integrationsvermögen**
  Ursachen von Konflikten erkennen
  und für alle Beteiligten akzeptable Lösungen anstreben
  unterschiedliche Interessen zielgerichtet »kanalisieren«,
  ohne dabei eigene Konzepte zu vernachlässigen

  1 2 3 4 5 6

- **Informationsbereitschaft**
  andere mit Informationen versorgen
  wichtige Informationen nicht zurückhalten
  zuhören können
  sich Zeit für Gespräche nehmen

  1 2 3 4 5 6

- **Selbstdisziplin/Frustrationstoleranz**
  auf persönliche Angriffe oder Schwierigkeiten angemessen
  und nicht zu aggressiv reagieren
  andere nicht provozieren und sich selbst nicht provozieren lassen
  in der Stimmungslage berechenbar sein

  1 2 3 4 5 6

Erfolgsintelligenz

Der amerikanische Psychologe Robert J. Sternberg unterscheidet in seinem Buch *Erfolgsintelligenz. Warum wir mehr brauchen als EQ + IQ* zunächst zwischen analytischer, kreativer und praktischer Intelligenz. Mit analytischer Intelligenz werden Probleme und Ansatzpunkte für die Lösung richtig erkannt; kreative Intelligenz lässt gute Ideen entstehen, die sich jedoch ohne praktische Intelligenz gar nicht verwirklichen ließen.

Niemand erreicht in allen drei Intelligenzformen Höchstwerte. Die Kunst liegt darin, Stärken zu betonen und damit Schwächen zu kompensieren. Emotionale, soziale und logisch-analytische Intelligenz, gepaart mit Bildung, bieten zusammen jedoch noch keine Garantie dafür, dass die gesteckten Ziele im Leben auch wirklich erreicht werden können. Zur Umsetzung dieser Fähigkeiten bedarf es einer weiteren wichtigen Komponente, nämlich der Erfolgsintelligenz.

Nach Sternberg sind es die folgenden 20 Kriterien, die beruflichen wie persönlichen Erfolg ausmachen und von denen Sie ganz sicher auch bei sich in unterschiedlicher Ausprägung etwas finden werden.

2. Übung

Bewerten Sie sich selbst und lassen Sie sich später von andern einschätzen. Hier das Ihnen schon bekannte Bewertungspunktesystem:

1 = sehr gut	3 = befriedigend	5 = mangelhaft
2 = gut	4 = ausreichend	6 = ungenügend

- Wie ist Ihre Fähigkeit entwickelt, sich selbst zu motivieren? 1 2 3 4 5 6

- Wie gut können Sie Ihre Impulse kontrollieren? 1 2 3 4 5 6

- Wie stark sind Ihr Durchhaltevermögen und Ihre Ausdauer? 1 2 3 4 5 6

- Verstehen Sie es, das Beste aus Ihren eigenen Fähigkeiten zu machen? 1 2 3 4 5 6

- Verfügen Sie über die Fähigkeit, Ihre Ideen in Taten umzusetzen? 1 2 3 4 5 6

- Verfügen Sie über die Fähigkeit, ergebnisorientiert zu handeln? 1 2 3 4 5 6

- Wie stark ist Ihre Fähigkeit entwickelt, angefangene Arbeiten auch zu erledigen? 1 2 3 4 5 6

- Verfügen Sie über die Fähigkeit, selbst die Initiative zu ergreifen? 1 2 3 4 5 6

- Wie stark sind Ihre Ängste, Fehlschläge erleiden zu müssen? 1 2 3 4 5 6

- Verfügen Sie über die Fähigkeit, Dinge nicht auf die lange Bank zu schieben? 1 2 3 4 5 6

- Wie gut können Sie Kritik akzeptieren? 1 2 3 4 5 6

- Haben Sie die Kraft, sich nicht allzu häufig selbst bedauern zu müssen? 1 2 3 4 5 6
- Verfügen Sie über die Stärke, sich Ihre Unabhängigkeit zu bewahren? 1 2 3 4 5 6
- Verfügen Sie über die Stärke, persönliche Schwierigkeiten zu überwinden? 1 2 3 4 5 6
- Können Sie sich voll und ganz auf Ihre ausgewählten Ziele konzentrieren? 1 2 3 4 5 6
- Haben Sie die Fähigkeit, für sich das richtige Maß zwischen Überlastung und Unterforderung zu finden? 1 2 3 4 5 6
- Haben Sie die Kraft, Geduld beim Warten auf Belohnungen zu entwickeln? 1 2 3 4 5 6
- Verfügen Sie über die Fähigkeit, leicht zwischen wichtigen und unwichtigen Dingen unterscheiden zu können? 1 2 3 4 5 6
- Verfügen Sie über die Kraft, ein vernünftiges Maß an Selbstvertrauen und Glauben an die eigenen Fähigkeiten zu entwickeln? 1 2 3 4 5 6
- Verfügen Sie über die Fähigkeit, eine ausgewogen analytische, kreative und praktische Denkweise zu praktizieren? 1 2 3 4 5 6

Auswertung: Addieren Sie die Punktzahl und teilen Sie die Summe durch die Anzahl der Einschätzungen (1. Übung : 6, 2. Übung : 20). So erreichen Sie einen Durchschnittswert für beide Übungen.

Alles unterhalb von 2,6 ist gut und deutlich besser. 2,7 bis 3,4 ist guter bis schwacher Durchschnitt. Ab 3,5 schauen Sie sich die einzelnen (hohen) Werte sehr genau an und überlegen Sie sich ein persönliches Entwicklungsprogramm.

Zum Umgang mit Stärken und Schwächen, Kompetenz und Unvermögen, Neigungen und Abneigungen

Wenn Sie sich jetzt Gedanken über Ihre persönlichen Stärken und Schwächen machen, Ihre Fähigkeitsmerkmale Revue passieren lassen und über Ihre Bedürfnisse und besonderen Neigungen nachdenken und diese versuchen geschickt zu kombinieren, sind Sie in Ihrer Potenzialanalyse schon ein gutes Stück weitergekommen.

Denken Sie über Ihre Schwächen, Ihr Unvermögen und Ihre Abneigungen nach, damit Sie erkennen, wo Sie vielleicht noch an sich arbeiten könnten und was Sie eventuell überdenken müssten: Selbstkontrolle, Weiterbildung, Hilfe von außen zulassen können, Ungeduld, schwach entwickeltes Durchhaltevermögen, eine unerklärliche Abneigung gegenüber …, aber verheddern Sie sich nicht. Nobody is perfect, und viel wichtiger als Ihre Schwächen sind Ihre Stärken, Ihre Kompetenzen und Ihre Interessen. Trotzdem: Es kann nichts schaden, sich gelegentlich auch einmal mit seinen Schwächen und Abneigungen auseinanderzusetzen und sich vielleicht sogar mit ihnen zu versöhnen.

Schauen Sie sich das folgende Beispiel an, bevor Sie eine eigene Liste aufstellen:

- **Stärken:**
  gutes Zahlenverständnis
  in der Lage, mehrere Dinge gleichzeitig zu erledigen
  geschickt im Umgang mit Menschen
  kann anderen komplexe Zusammenhänge erklären
  schnelle Auffassungsgabe
  sehr stark an Ergebnissen orientiert

- **Schwächen:**
  ungeduldig – alles muss schnell gehen
  manchmal zu bescheiden, zu vorsichtig
  zu geringe Bewertung der Karriere
  Angst vor Risiken
  klarer Arbeitsauftrag erwünscht
  sehr sicherheitsorientiert, eher konservativ

Würde dieser Bewerber in einem Vorstellungsgespräch nach seinen Schwächen gefragt, könnte er ohne allzu viel Zögern Ungeduld und Bescheidenheit nennen, denn beide Eigenschaften lassen sich wunderbar auch als Stärken auslegen. Ungeduld bedeutet unter anderem, dass er seine Arbeit schnell erledigt und Verspätungen hasst. Bescheidenheit kann als Hinweis darauf gewertet werden, dass er nicht den ganzen Tag durch die Abteilungen marschieren wird, um allen zu erzählen, was für ein toller Hecht er ist.

In einer Auswahlsituation beim Bewerbungsgespräch sollte der Kandidat aber unbedingt von seinen Stärken sprechen. Ein Mitarbeiter, der komplexe Dinge, schwierige Sachverhalte gut erklären kann, verschiedene Arbeitsabläufe geschickt miteinander verbindet und schnell lernt, wird immer gebraucht, ist beinahe überall einzusetzen. Und wenn dieser noch eine Zahlenvorliebe hat und ein Gefühl für Sicherheit, ein ausgeprägtes Risikobewusstsein und eher konservativ orientiert ist, wer als Personalentscheider käme da nicht auf die Idee, diese Person im Controllingbereich einzusetzen?

Lassen Sie sich von Ihren Schwächen nicht entmutigen. Es gibt niemanden ohne Schwächen. Wer sich seine Unvollkommenheit eingesteht, ist auf dem richtigen, auf dem besten Wege. Vielleicht werden Sie sogar feststellen können, dass die eine oder andere vermeintliche Schwäche häufig nichts anderes als eine übertriebene Stärke ist:

Stärken	Schwächen
zuverlässig, gewissenhaft, ordentlich	zwanghaft
risikobewusst	ängstlich
strebt nach guter Leistung	verlangt Perfektion
leistungsorientiert	Streber
bescheiden	Licht unter den Scheffel stellen
Führungsqualitäten	kommandiert herum, dominant
schnell	impulsiv
geht gerne größere Risiken ein	ist ein Spieler
sehr sparsam	geizig
beharrlich	anmaßend
gut im Verhandeln	zu kompromissbereit
präzise, sehr auf Details achtend	zwanghaftes Verhalten
Eloquenz	Schwätzer
rational-analytisch	sachlich, kühl-distanziert
gute Intuition	zu gefühlsorientiert, emotional

Ihre Chance: Kombinieren Sie geschickt Ihre Stärken mit Ihren Kompetenzen und Neigungen, aber denken Sie auch über Ihre Schwächen nach und wandeln Sie sie nach Möglichkeit in Stärken um.

Sehen Sie es auch unter diesem Aspekt: Ihre Aufgabe ist es, sich in aller Ruhe zu überlegen, was Sie anderen Mitbewerbern auf dem Arbeitsmarkt voraushaben, was Sie positiv unterscheidet. In der Regel wird es eine Frage des Stils sein. Erledigen Sie die Ihnen übertragenen Aufgaben gründlicher, schneller … oder was ist es sonst? Je besser Sie diese Fragen zum Beispiel in einem Vorstellungsgespräch beantworten können, desto eher werden Sie eingestellt. Erwarten Sie nicht, dass der Arbeitgeber Ihre Fähigkeiten »errät«. Seien Sie darauf vorbereitet zu sagen: »Dies ist es, was mich auszeichnet, das ist es, was mich von andern unterscheidet.«

Aus der Welt der Werbung kennen wir dafür die Bezeichnung USP. Sie steht für *unique selling proposition* und bedeutet in der Übersetzung: besonderes Verkaufsmerkmal. Sie wissen: Es gibt jede Menge Erfrischungsgetränke. Dazu zählen auch koffeinhaltige Brausen. Im Geschmack unterscheiden sie sich nur unwesentlich, daher werben sie mit Lifestyle, nationaler Ideologie oder einem nationenübergreifenden Lebensgefühl: ob Coca-Cola, Pepsi Cola oder Afri Cola ist hauptsächlich eine Frage der inneren Einstellung des Käufers. Neben Geschmack, Aussehen und den typischen durstlöschenden Eigenschaften hat jedes dieser Produkte etwas mehr, was sich dem Käufer erschließt, was für ihn den besonderen Nutzen ausmacht. Das eben ist die USP, das Unterscheidungsmerkmal gegenüber anderen ähnlichen Getränken. Und darum geht es auch bei Ihnen, wenn Sie sich eines Tages dem Arbeitsmarkt stellen. Was ist Ihre USP, was unterscheidet Sie von anderen Mitbewerbern, warum sollte ein Arbeitsplatzanbieter sich für Sie, für Ihre Dienstleistung entscheiden?

Nach der Bearbeitung der Übungen in den vorangegangenen und in diesem Kapitel haben Sie jetzt einen soliden Grundstock von Merkmalen im Eigenschafts- und Kompetenzbereich und wissen besser, wo Ihre Interessen, aber auch, wo Ihr Einsatzgebiet liegen könnte. Jetzt ist es sehr wichtig, dass Sie diese neuen Erkenntnisse wieder aufschreiben. Ohne diese Extramühe werden Sie kein optimales Ergebnis erzielen können.

Chancen, Perspektiven – Was alles möglich ist

Tu das,
wodurch du würdig bist,
glücklich zu sein.

Immanuel Kant

Vom Tellerwäscher zum Millionär, vom Schauspieler zum Präsidenten – und umgekehrt: Nichts erscheint unmöglich.

Sie erreichen weniger, als vielleicht möglich wäre, wenn Sie gegen Ihre Wünsche und Vorstellungen vorschnell die Schere im Kopf ansetzen. Zu viel, aber auch zu wenig Fantasie kann schädlich sein. Sie müssen auf dem schmalen Grat, auf dem Sie wandeln, die für Sie persönlich richtige Balance herausfinden.

Mehrere designierte bundesdeutsche Wirtschaftsminister haben vor ihrer Wahl offen erklärt, von Wirtschaft nicht allzu viel zu verstehen. Der ehemalige Wirtschaftsminister und frühere EU-Kommissar Martin Bangemann wusste einmal auf die Frage eines Journalisten, wie viele Nullen eine Milliarde hat, keine Antwort. Gleichwohl nahm aber jeder Wirtschaftsminister für sich in Anspruch, der richtige Mann für diese Aufgabe zu sein. Bemerkenswerte Beispiele für Mut und Selbstbewusstsein – so weit hergeholt sie auch auf den ersten Blick erscheinen mögen.

Schön wäre es, wenn wir Ihnen auch für den Aspekt »Was alles möglich ist« einen durch Fragen gesteuerten Leitfaden als Analysehilfe vorstellen könnten. Wenn sich die Frage nach Ihren individuellen Möglichkeiten, nach Ihren persönlichen Chancen, auch nicht einfach pauschal abhandeln lässt, werden Ihnen die folgenden Überlegungen und Übungen trotzdem weiterhelfen.

In den vorangegangenen Abschnitten haben Sie einiges über Ihre persönlichen Qualitäten, beruflichen Fähigkeiten und über Ihre Motivation und Lebensziele erfahren. Aus dieser Analyse von Ist-Zustand und Zielen ergeben sich die nun folgenden Fragen:

In welches Aufgabengebiet passen genau Ihre Stärken wie der sprichwörtliche Schlüssel zum Schloss? Mit welchen Qualitäten und Fähigkeiten können Sie erfolgreich Probleme lösen, Aufgaben konstruktiv bewältigen? Überhaupt: Welche speziellen Aufgabenstellungen ergeben sich aus Ihren persönlichen und beruflichen Fähigkeiten und Qualitäten?

Fakt ist: Auf dem Arbeitsmarkt müssen Sie Ihre Leistung »verkaufen«. Ergo: Wer auf dem Arbeitsmarkt könnte an Ihrer Performance interessiert sein? Und: Bei welchen Arbeitgebern ließe sich Ihre besondere persönliche und berufliche Kompetenz auch optimal zur Geltung bringen? Welche Einsatzgebiete gibt es also für Ihre Fähigkeiten und wie sehen Ihre »Verkaufschancen« aus?

Bedenken Sie: In den Dingen, die Sie wirklich gerne und deshalb gut machen, werden Sie sich leichter weiterentwickeln und immer besser und erfolgreicher werden. Überlegen Sie auch, wie Sie Ihre unterschiedlichen Fähigkeiten und Qualitäten so kombinieren, dass diese Ihre »Verkaufschancen« auf dem Arbeitsmarkt erhöhen.

Auf welchem Gebiet und für welchen Arbeitgeber Sie arbeiten werden, sollten Sie weitestgehend selbst bestimmen. Plakativ verkürzt: Die Tatsache, dass Bäcker gesucht werden, weil keiner gerne früh aufsteht, ist noch lange kein Grund, dass Sie sich diesen Job aussuchen. Fragen Sie sich immer zuerst, für welche Problemlösungen auf dem Arbeitsmarkt Ihre speziellen Fähigkeiten und Ihre Wesensart am besten geeignet sind.

Wo finden Sie den für Sie und Ihre Fähigkeiten optimalen Einsatzort oder Arbeitsplatz? Wichtig erscheint uns, auf Folgendes noch einmal hinzuweisen: Jeder Mensch neigt dazu, in einer persönlichen und beruflichen Übergangs- oder Krisensituation seinen Handlungsspielraum und seine Gestaltungsmöglichkeiten zu unterschätzen. Zu allem Überfluss beschneiden wir uns dann in solch einer Situation oft auch noch selbst, bedingt durch einen falschen oder zu schwach entwickelten Selbstwert. Schließlich geht es doch um nichts Geringeres als die Verwirklichung der individuellen beruflichen Identität.

Die Erkenntnisse aus der ersten, zweiten und dritten Situationsanalyse (Was für ein Mensch bin ich? Was kann ich? Was will ich?) müssen mit der Realität (Was ist möglich?) in Einklang gebracht werden. Dabei sollte man aber nicht nur seinen eigenen Realitätssinn zu Hilfe nehmen, sondern auch andere Personen und deren Blick für die Möglichkeiten einbeziehen. Gespräche mit dem Lebenspartner, mit Freunden, Bekannten, Fachberatern (in der Arbeitsagentur oder in Personalberatungsunternehmen) sowie Karriereberatern und Berufskollegen können sehr hilfreich sein.

Natürlich gibt es individuelle Ausgangssituationen, in denen die Frage »Was ist möglich?« nur sehr schwer zu beantworten ist. Versuchen Sie, sich mit diesem Thema nicht allein herumzuquälen. Beteiligen Sie andere Personen an diesem Denkprozess. Greifen Sie auf das Fantasiepotenzial Ihrer Mitmenschen zurück.

Vor- und Nachteile des Jobwechsels

Wer sich beruflich verändern will, den erwarten nicht nur neue Aufgaben. Wir sprechen im Folgenden die wichtigsten Aspekte an. Sie werden sehen, dass der neue Job – wenn Sie wohlüberlegt vorgehen – einen entschieden zufriedeneren Menschen aus Ihnen machen kann. Die Vorteile werden sicherlich überwiegen – vorausgesetzt natürlich, dass Sie bei der Jobwahl Ihre Interessen, Ihre Fähigkeiten und Stärken ausreichend berücksichtigen. Trotzdem sollten Sie zumindest vorübergehend auch mit stärkerer Arbeitsbelastung und höherem Zeitaufwand rechnen. Beginnen wir aber zunächst mit der positiven Seite.

Das werden Sie gewinnen: Bei der richtigen Wahl werden Sie im neuen Job sinnvolle Aufgaben erledigen können. In der Regel (jedoch nicht immer) wird mit dem Jobwechsel ein höheres Einkommen verbunden sein. Und nicht zuletzt erwartet Sie mehr Zufriedenheit im Privatleben. Wer Spaß an der Arbeit hat, ist ausgeglichener und selbstbewusster.

Übung

Beantworten Sie nun die folgenden Fragen:

Welche Veränderungen wollen Sie in Ihrem neuen Job bewirken? Welchen Gewinn bringen Sie Ihrem neuen Arbeitgeber? Wie können Sie sich für Ihre Mitmenschen einsetzen?

Wie wird sich der neue Job auf Ihr inneres Gleichgewicht auswirken? Glauben Sie, dass Sie stolz auf Ihre Leistungen sein und dadurch selbstbewusster auftreten werden?

Was wird sich in Ihrem Privatleben ändern? Bedenken Sie, dass ein gesteigertes Selbstwertgefühl auch die Beziehungen zu Ihrer Familie und zu Ihren Freunden verändern (verbessern?) wird. Freuen Sie sich außerdem darauf, dass mit neuen Jobs in aller Regel auch neue Kontakte zu interessanten Kollegen, Klienten oder Geschäftspartnern verbunden sein können – ein Aspekt, den man leicht vergisst, wenn man jahrelang mit irgendwelchen frustrierten und daher übel gelaunten Arbeitskollegen in einem Büro eingesperrt war. Ein anspruchsvollerer Job wird möglicherweise Ihr Ansehen in der Öffentlichkeit erhöhen. Nun aber zurück zur ursprünglichen Frage: Welche Veränderungen erhoffen Sie sich privat vom neuen Job?

Denken Sie, dass Sie auch gesundheitlich vom Jobwechsel profitieren werden? Nicht nur die Arbeit im Sägewerk, bei der schon mal der eine oder andere Finger in die Säge gerät, ist riskant. Auch psychischer Druck kann langfristig zu Gesundheitsschäden führen. Da muss nicht gleich Mobbing mit im Spiel sein. Auch permanenter Stress oder ständige Unzufriedenheit im Job machen krank. Das fängt mit Kopfschmerzen an und zieht manchmal auch schwerwiegendere Krankheiten nach sich. Daher: Versprechen Sie sich vom neuen Job ein gesteigertes Wohlbefinden?

____

____

____

Welche materiellen und welche immateriellen Vorteile könnte die neue Karriere mit sich bringen? Rechnen Sie mit einem höheren Einkommen? Welche Wünsche würden Sie sich erfüllen, wenn Ihnen mehr Geld oder mehr Zeit zur Verfügung stünden?

____

____

____

Schauen Sie sich Ihre Antworten in Ruhe an. Finden Sie gute Gründe dafür, jetzt einen Jobwechsel zu wagen, oder geht aus Ihren Antworten eher die Tendenz hervor: »Im Grunde läuft es beruflich ja gar nicht so schlecht – da lass ich doch lieber alles beim Alten«?

Nicht, dass Sie wirklich jemanden bräuchten, der Ihnen erzählt, dass ein Jobwechsel oder ein neuer Einstieg aus der Arbeitslosigkeit mit Anstrengung und Ungewissheit verbunden sind. Haben Sie sich schon Gedanken darüber gemacht, dass neue Aufgaben in der Regel auch neue Kenntnisse verlangen? Sie werden sich vermutlich weiterbilden müssen. Das wird unter Umständen abends oder an den Wochenenden geschehen. In manche Berufe ist der Einstieg nur über eine Lehre oder ein Studium möglich. Sind Sie bereit, diese Zeit zu investieren? Sicherlich nur dann, wenn Ihr neues Berufsziel Sie wirklich begeistert.

____

____

____

Wie sind die Arbeitszeiten im angestrebten Berufsfeld? Es wird immer gerne so getan, als arbeite die gesamte Menschheit montags bis freitags von 9 bis 17 Uhr und genieße jeden Abend, an den Wochenenden, an Feiertagen und in sechs Wochen Urlaub das pralle Leben. Die Realität sieht dann doch etwas anders aus. Sprechen Sie mal mit Krankenhausärzten, wenn diese morgens um 8 Uhr nicht etwa zur Arbeit gehen, sondern vom 48-Stunden-Dienst nach Hause kommen. Schauen Sie sich Selbstständige an, die an 350 Tagen im Jahr 10 bis 12 Stunden am Tag arbeiten. Interessant daran ist: Sie beklagen sich in der Regel nicht darüber, denn sie lieben ihre Arbeit, ihren Beruf, ihr Tun. Kommen wir zu der simplen Wahrheit: Unregelmäßige Arbeitszeiten, die einem den letzten Nerv rauben können, nimmt man bereitwillig in Kauf, sofern die Aufgaben interessant sind und das Einkommen angemessen ist. Nicht aber, wenn einem der Job verhasst ist. Zurück zur Ausgangsfrage: Haben Sie über die Arbeitszeiten nachgedacht, die Sie in Ihrem Traumjob erwarten?

____

____

____

Wird der neue Job Ihnen noch genügend Zeit für Ihre Familie, Freunde und Hobbys lassen? Rechnen Sie nur in der Einarbeitungsphase oder generell mit höherem Zeitaufwand? Sind Sie bereit, diese Veränderung zu akzeptieren?

____

____

____

Wie sehr wollen Sie den neuen Job? Wenn Sie den Einstieg in einen interessanten, anspruchsvollen neuen Job schaffen wollen, müssen Sie langfristig hoch motiviert und diszipliniert sein. Da reicht es nicht, mal für drei Tage davon zu träumen, wie schön es zum Beispiel wäre, Möbel zu entwerfen, um anschließend wieder in den alten Trott zurückzufallen. Prüfen Sie anhand der folgenden Fragen, ob Sie wirklich an Veränderungen interessiert sind.

Müssen Sie sich einen neuen Job suchen, weil Sie gerade arbeitslos sind oder vermutlich bald Ihren Job verlieren werden?

____

____

____

Möchten Sie sich ausdrücklich auf eigenen Wunsch verändern oder sind es Familie und Freunde, die drängeln: »Such dir endlich mal einen vernünftigen Job«?

____

____

____

Sprechen Sie begeistert von Ihren Berufsplänen, oder klingt es eher wie: »Na ja, mit irgendetwas muss ich schließlich mein Geld verdienen«?

Gibt es Jobs, die Sie noch mehr interessieren als die Stelle, die Sie gerade anstreben?

Sind Sie bereit, für den neuen Job zu kämpfen und auch auf den einen oder anderen Vorteil zu verzichten, der für den alten Job spricht?

Auf den Punkt gebracht: Worauf es beim neuen Job ankommt

Übung

Schauen Sie sich die folgende Checkliste an und beantworten Sie die Fragen mit »Ja« oder »Nein«.

	ja	nein
1. Würden im neuen Job Ihre Talente ausreichend berücksichtigt?	☐	☐
2. Steht Ihr Berufsziel im Einklang mit Ihren übrigen Zukunftsplänen?	☐	☐
3. Verfügen Sie über die wesentlichen Eigenschaften und Kenntnisse, auf die es im neuen Job ankommt?	☐	☐
4. Glauben Sie, dass Ihnen der neue Job Chancen zur Weiterentwicklung bieten wird?	☐	☐
5. Ist es Ihnen überdurchschnittlich wichtig, mit Leuten zusammenzuarbeiten, die Sie unterstützen, herausfordern und inspirieren?	☐	☐
6. Gehören Ihre zukünftigen Klienten, Kunden, Patienten etc. zu den Menschen, für die Sie sich gerne einsetzen?	☐	☐
7. Erwartet Sie ein Arbeitsumfeld, in dem Sie sich voraussichtlich wohlfühlen werden?	☐	☐
8. Glauben Sie, die Opfer, die ein neuer Job nun einmal verlangt, akzeptieren zu können?	☐	☐
9. Entspricht das voraussichtliche Gehalt der Verantwortung, die Sie übernehmen werden?	☐	☐
10. Haben Sie genügend Selbstbewusstsein für die neuen Aufgaben?	☐	☐

Auswertung

Falls Sie zehnmal »Ja« angekreuzt haben, dann wird und sollte Sie nichts davon abhalten, gleich morgen ins Büro Ihres Wunscharbeitgebers zu stürmen, um Ihre Dienste anzubieten. Bei ein bis drei »Neins« besteht immerhin noch Aussicht auf einen erfolgreichen Einstieg in den neuen

Job. Wer sich viermal oder noch öfter für »Nein« entschieden hat, muss sich die Frage gefallen lassen, ob er das richtige Ziel anstrebt.

Wie Ihr idealer Job aussieht

Übung

Schauen Sie sich zunächst die folgenden 30 Aspekte an, die letztlich über Zufriedenheit im Berufsleben entscheiden. Erst danach sollten Sie diese Faktoren für sich persönlich bewerten. Sinn und Zweck dieser Übung ist es, das individuelle Anforderungsprofil für Ihren Traumjob zu entwerfen. Häufig wird übersehen, dass verschiedene Menschen ganz unterschiedliche Erwartungen an Jobs haben. Was der eine unbedingt erwartet, würde der andere niemals ertragen wollen. Daher nun unsere 30 Punkte, aus denen Sie später Ihre persönliche Checkliste zusammenstellen werden.

- **Entscheidungen treffen**
  Sie wollen selbst entscheiden, wie Aufgaben gelöst werden, wer und wie sie ausführt und wann sie abgeschlossen sein müssen.
  Oder das Gegenteil: Sie möchten nicht selbst entscheiden müssen, sondern klare Anweisungen bekommen, wie und wann Sie etwas ausführen und abschließen sollen.

- **Verantwortung**
  Ihnen ist es wichtig, für das, was Sie be- oder erarbeiten, auch die volle Verantwortung übertragen zu bekommen.
  Oder das Gegenteil: Verantwortung zu tragen ist Ihnen eher eine Last und deshalb für Sie gar nicht so erstrebenswert.

- **Stressfreiheit**
  Sie möchten wenig Leistungsdruck und bevorzugen Aufgaben, die sich problemlos bewältigen lassen.
  Oder das Gegenteil: Sie lieben die Herausforderung und brauchen ein gewisses Maß an Stress, um richtig auf Touren zu kommen.

- **Abwechslung**
  Sie blühen erst richtig auf, wenn Sie an vielen verschiedenen Dingen gleichzeitig arbeiten können.
  Oder das Gegenteil: Lieber ein ordentliches Maß an Routine und Vertrautheit und schön eine Aufgabe nach der andern, bloß nicht ständig mehrere Sachen und immer wieder etwas Neues.

- **Unabhängigkeit**
  Sie wollen Arbeitsabläufe nach eigenen Vorstellungen gestalten. Von anderen lassen Sie sich dabei nur sehr ungern Vorschriften machen.
  Oder das Gegenteil: Sie schätzen klare Anweisungen und Vorgaben, so wissen Sie genau, was man von Ihnen erwartet.

- **Freie Zeiteinteilung**
  Sie haben Ihren eigenen Rhythmus und wollen selbst entscheiden, zu welcher Zeit Sie welche Aufgaben erledigen. Starre Arbeitszeiten sind Ihnen ein Gräuel.
  Oder das Gegenteil: Sie möchten genaue Zeitvorgaben haben und einen regelmäßigen Arbeitszeitrhythmus, auf den Sie sich ganz einstellen und verlassen können.

- **Ort**
  Ihr neuer Arbeitgeber soll seinen Standort unbedingt in Ihrer Lieblingsstadt oder nahe bei Ihrem Wohnort haben.
  Oder das Gegenteil: Das ist Ihnen nicht so wichtig, Sie nehmen auch eine längere Anfahrt zu Ihrem Arbeitsplatz in Kauf.

- **Freundliches Arbeitsklima**
  Sie legen großen Wert auf ein gutes Verhältnis zu Ihren Kollegen und möchten gelegentlich auch privat etwas mit ihnen unternehmen.
  Oder das Gegenteil: Das ist Ihnen nicht so wichtig, Sie haben nichts gegen ein gutes Klima, aber letztlich muss ja doch jeder seine Arbeit selbst tun.

- **Tempo**
  Sie mögen es, wenn alles sehr schnell geht, und es bringt Sie auf die Palme, wenn Ihre Kollegen herumtrödeln.
  Oder das Gegenteil: Sie sind davon überzeugt und leben auch so: In der Ruhe liegt die Kraft und Hektik und Stress machen krank und sind für viele Fehler verantwortlich.

- **Ansehen in der Öffentlichkeit**
  Sie möchten eine Position, in der andere Sie respektieren und bewundern.
  Oder das Gegenteil: So etwas ist Ihnen nicht wichtig, davon sind Sie ziemlich unabhängig.

- **Kreativität**
  Stillstand langweilt Sie zu Tode. Sie möchten neue Ideen verwirklichen und Ungewöhnliches ausprobieren.
  Oder das Gegenteil: Kreativität oder ständig etwas Neues auszuprobieren kann Sie nicht reizen, darauf kommt es Ihnen überhaupt nicht an. Sie schätzen die Sicherheit einer gewissen Routine und Vertrautheit.

- **Konkurrenz**
  Es macht Ihnen Spaß, wenn Sie im Wettbewerb zu Kollegen stehen.
  Oder das Gegenteil: Sie empfinden ein Konkurrenzverhalten unter Kollegen fast unerträglich.

- **Geld**
  Sie wollen sehr viel Geld verdienen, um sich einen gehobenen Lebensstandard leisten zu können.
  Oder das Gegenteil: Geld ist Ihnen nicht unwichtig, aber keinesfalls entscheidend. Andere Faktoren sind Ihnen viel wichtiger.

- **Sinnhaftigkeit**
  Sie möchten vor allem Aufgaben, die einen höheren Sinn haben.
  Oder das Gegenteil: Das ist Ihnen nicht so wichtig, damit sind Sie nicht zu locken, die Bezahlung beispielsweise ist viel wichtiger.

- **Renommee**
  Sie möchten nicht in einer Klitsche im dritten Hinterhof arbeiten, die keiner kennt, sondern für ein angesehenes, möglichst international tätiges Unternehmen.
  Oder das Gegenteil: Das Renommee des Unternehmens ist Ihnen eigentlich überhaupt nicht wichtig.

- **Aufstiegschancen**
  Sie wollen dort einsteigen, wo Sie schnell aufsteigen können.
  Oder das Gegenteil: Karriere beziehungsweise Aufstiegschancen sind Ihnen nicht wirklich wichtig.

- **Herausforderungen**
  Es reizt Sie, mit neuen Problemen konfrontiert zu werden und dabei auch immer wieder an eigene Grenzen zu stoßen.
  Oder das Gegenteil: Das ist überhaupt nicht reizvoll für Sie.

- **Routine**
  Sie bevorzugen Aufgaben, die sich nach bewährten Mustern erledigen lassen.
  Oder das Gegenteil: Routine vertragen Sie nur ganz schlecht.

- **Druck**
  Am besten arbeiten Sie unter Druck. Wenn man Ihnen keinen Termin vorgibt, finden Sie nie ein Ende. Schließlich gibt es immer Punkte, die sich noch verbessern lassen.
  Oder das Gegenteil: Druck können Sie nicht gut vertragen, er blockiert sie.

- **Kommunikationsfähigkeit**
  Sie lieben es, Ihre Gedanken für andere aufzuschreiben oder über Ihre Ideen zu sprechen, sich mit möglichst vielen auszutauschen.
  Oder das Gegenteil: Sie sind kein Freund langer Reden, vieler Worte. Bei Ihnen gilt: Im Tun liegt das Heil.

- **Teamarbeit**
  Sie sind überzeugt, dass man durch Gruppenarbeit zu den besten Ergebnissen kommt. Einer hilft dem anderen. Die einzelnen Mitglieder ergänzen sich in ihren Fähigkeiten.
  Oder das Gegenteil: Sie halten nicht viel von Teamarbeit. Jeder soll zeigen, was er kann. Sie arbeiten lieber alleine für sich.

- **Anerkennung**
  Es macht Sie glücklich, wenn andere Ihre Arbeit loben.
  Oder das Gegenteil: Sie sind nicht auf das Lob und die Anerkennung durch andere angewiesen.

- **Körperliche Anstrengung**
  Sie fallen abends gerne erschöpft ins Bett, nachdem Sie tagsüber körperlich gearbeitet haben.
  Oder das Gegenteil: Sie sind nicht für anstrengende körperliche Arbeit geschaffen.

- **Lernen**
  Es ist Ihnen wichtig, immer wieder Neues hinzuzulernen.
  Oder das Gegenteil: Sie möchten in einem Fachgebiet zu Hause sein, es gut beherrschen und nicht ständig mit Neuem herumexperimentieren.

- **Sicherheit**
  Sie möchten das Gefühl haben, dass Ihr Arbeitgeber Sie auch in 20 Jahren noch brauchen wird.
  Oder das Gegenteil: Sicherheit ist Ihnen nicht so wichtig, damit sind Sie nicht zu locken. Außerdem gibt es die ja auch gar nicht auf dem Arbeitsmarkt.

- **Kontakte zu anderen Menschen**
  Sie finden es wesentlich spannender, mit Menschen umzugehen, als den ganzen Tag am Computer zu sitzen.
  Oder das Gegenteil: Kontakte zu anderen Menschen sind Ihnen am Arbeitsplatz nicht so wichtig, davon sind Sie ziemlich unabhängig. Sie haben im privaten Bereich genug Menschen um sich.

- **Alleine arbeiten**
  Sie wissen selbst am ehesten, wie Ziele erreicht werden können. Sie mögen es nicht, wenn man meint, Ihnen Tipps geben zu müssen.
  Oder das Gegenteil: Alleine vor sich hin zu arbeiten ist fast eine Strafe für Sie. Sie brauchen ein Arbeitsteam mit netten Kollegen.

- **Beaufsichtigen**
  Sie übernehmen gerne die Verantwortung für die Leistung Ihres Teams oder einer ganzen Abteilung.
  Oder das Gegenteil: Damit kann man Sie jagen. Diese Funktion würden Sie nicht haben wollen.

- **Überzeugungskraft**
  Sie genießen es, andere zur Meinungsänderung zu bewegen.
  Oder das Gegenteil: Das reizt Sie überhaupt nicht, Sie brauchen sich und anderen nichts zu beweisen.

- **Risiko**
  Sicherheitsdenken ist Ihnen fremd. Sie riskieren gerne etwas.
  Oder das Gegenteil: Unkalkulierbare Risiken sind Ihnen ein Gräuel.

Bevor wir genauer darauf eingehen, was diese 30 Faktoren mit Ihrem nächsten Job zu tun haben, erst einmal eine Geschichte aus dem bunten Leben. Sie wissen es selbst: Man möchte nicht nur einen interessanten Beruf, sondern auch eine nette Wohnung. Anders als bei der Jobsuche haben die meisten bei der Wohnungssuche sehr genaue Vorstellungen: Die Wohnung soll groß, hell und toprenoviert sein, über Parkett und Marmorbad verfügen, ruhig und in einer guten Gegend liegen, verkehrsgünstig, zentral und deutlich weniger als 1.000 Euro warm kosten.

Und schon hat man ein Problem. Vermieter sind in aller Regel recht pfiffig. Genauso wenig wie Sie als begnadeter Webdesigner den Internetauftritt eines E-Commerce-Unternehmens für 10 Euro die Stunde gestalten werden, vermieten Hauseigentümer Villenetagen mit Elbblick für 5,50 Euro pro Quadratmeter. Sie müssen also Prioritäten setzen. Wenn es denn wirklich die Elbvororte sein sollen, finden Sie sich am Ende für 800 Euro in einem 23,45 Quadratmeter großen Wohnklo wieder. Oder Sie bezahlen 2.000 Euro. Oder Sie mieten eine Baustelle, in die Sie 40.000 Euro investieren. Oder Sie entscheiden sich für eine weniger begehrte Wohnlage. Oder aus dem Schlafzimmerfenster blicken Sie auf die achtspurige Stadtautobahn. Oder, oder, oder … Die Möglichkeiten sind endlos. Wenn die Suchaktion – egal ob Job- oder Wohnungssuche – zu einem positiven Ergebnis führen soll, müssen Sie zunächst bestimmen, was Ihnen am wichtigsten ist. Wie ernst dieser Hinweis zu nehmen ist, merken Sie spätestens dann, wenn Sie sich mit den Folgen einer vorschnellen Entscheidung herumschlagen müssen. Da überlegt man doch lieber vorher, worauf man allergrößten Wert legt.

Womit wir wieder bei unserer 30-Faktoren-Liste angelangt sind. Entscheiden Sie, welche Aspekte für Sie Priorität haben. Schauen Sie sich an, wofür die einzelnen Punktzahlen stehen. Beginnen Sie mit der höchsten Punktzahl und vergeben Sie Pluspunkte. Bitte jede Punktzahl (+3, +2, +1 Punkt) jeweils nur fünfmal. Sie haben es an unserem Wohnungsbeispiel gesehen: Es kann nicht funktionieren, wenn einem alles gleich wichtig ist.

+ 3 Punkte = absolut sehr wichtig
+ 2 Punkte = ganz wichtig
+ 1 Punkt = relativ wichtig

Dann gehen Sie noch einmal durch die Liste und vergeben Sie jetzt Negativpunkte.

– 3 Punkte = absolut nicht akzeptabel, nicht aushaltbar, nicht ertragbar
– 2 Punkte = ganz schrecklich und ziemlich furchtbar
– 1 Punkt = immer noch ziemlich unangenehm

Beginnen Sie wieder mit der höchsten Zahl und vergeben Sie Ihre Negativpunkte. Bitte jede Punktzahl (–3, –2, –1 Punkt) jetzt jeweils nur dreimal.

Nehmen Sie nun ein leeres Blatt Papier und notieren Sie darauf die fünf Aspekte, die Ihnen »absolut sehr wichtig«, »ganz wichtig« und nur noch »relativ wichtig« sind. In der ersten Kategorie »absolut sehr wichtig« unterstreichen Sie anschließend mit einem roten Stift die drei Faktoren, auf die Sie im Berufsleben auf gar keinen Fall verzichten wollen. Sie haben damit eine Messlatte, die Sie an jedes Jobangebot anlegen sollten.

Sie werden vermutlich keinen Job finden, der allen 15 Kriterien Ihrer Liste gerecht wird. Den einen oder anderen Anspruch müssen Sie wohl oder übel herunterschrauben. Nur Ihre »Top Drei« sollten Sie niemals aufgeben.

Das Gleiche machen Sie mit Ihren Negativpunkten. Jetzt sehen Sie, welche Themen, welche Arbeitsplatzaspekte für Sie negativ besetzt sind.

Verschiedene Arbeitsmodelle

Vielleicht liegt Ihnen die typische 40-Stunden-Woche absolut nicht (okay, im Idealfall sind es vielleicht sogar nur 35 Stunden, nicht selten müssen aber relativ gut verdienende Angestellte deutlich über 40, ja bis zu 55 und mehr Wochenstunden arbeiten). Morgens um 8 Uhr können Sie sich auch andere Dinge vorstellen, als ins Büro zu hetzen. Dafür sind Sie dann noch beruflich aktiv, wenn sich andere abends um 20 Uhr schon vor dem Fernseher vergnügen. Sie möchten Ihre Tage frei einteilen können und mehr Zeit für Familie, Freunde und Hobbys haben. Das setzt allerdings voraus, dass Sie Ihren Marktwert kennen, das heißt den Wert, den Sie für das Unternehmen schaffen. Selbstbewusste können ihre Jobs weitgehend selbst gestalten, und zwar nicht nur in Bezug auf Arbeitszeit und Gehalt. Die große Bandbreite an Arbeitsformen erlaubt es, persönliche Vorlieben zu realisieren. So können Sie zu Hause, Teilzeit, freiberuflich oder als Berater arbeiten, wenn das Ihren Vorstellungen und Ihren Voraussetzungen entspricht.

Die folgenden Übungen werden Ihnen helfen, die für Sie idealen Arbeitsbedingungen zu erforschen. Machen Sie sich beim Bewerten der einzelnen Punkte keine Gedanken darüber, was andere von Ihnen erwarten.

Übung

Fragen Sie sich, welche Anforderungen Sie persönlich an Ihre Karriere stellen. Kreuzen Sie die Äußerungen an, die auf Sie zutreffen.

- Ich will eine sehr gute Ausbildung, sodass ich in einem hoch qualifizierten Bereich arbeiten kann. ☐
- Mein Selbstwertgefühl hängt zu einem sehr großen Teil von meinem Job ab. Arbeit steht für mich im Mittelpunkt. ☐
- Ich fühle mich meinem Arbeitgeber gegenüber verpflichtet und erwarte von mir selbst, durch meinen Arbeitseinsatz und meine Talente den Unternehmenserfolg entscheidend mitzubestimmen. ☐
- Ich bin bereit, für Beförderungen und Anerkennung sehr hart zu arbeiten. ☐
- Ich möchte eine sichere Vollzeitstelle. Ich bin bereit, 40 oder mehr Stunden pro Woche im Unternehmen zu verbringen und falls nötig auch abends oder an den Wochenenden zu arbeiten. ☐
- Ich bin bereit zu akzeptieren, dass ein großer Teil meines Gehalts von meiner Leistung oder dem Erfolg der Abteilung abhängt. ☐
- Wenn es meine Aussichten auf Beförderung wesentlich erhöht, mache ich auch gerne Überstunden. ☐
- Natürlich gebe ich im Beruf das Beste. Mein Privatleben darf darunter aber nicht leiden. ☐
- Ich will keinen Job, der mich zu sehr beansprucht. Meine Energie nutze ich lieber für andere Aktivitäten. ☐
- Meine Arbeit ist mir wichtig und macht auch Spaß, aber ab 17 Uhr will ich nicht mehr an den Job denken müssen. ☐
- Ich kann mir durchaus auch Teilzeitarbeit, Saisonarbeit oder befristete Arbeitsverträge vorstellen. ☐
- Für meine Arbeitsstunden will ich bezahlt werden. Ob das Unternehmen profitabel arbeitet oder nicht, ist letztlich nicht mein Problem. ☐
- Ich würde gern als Berater arbeiten. Ich kann mir gut vorstellen, andere durch meine Kenntnisse zu unterstützen. ☐
- Ich arbeite lieber eigenverantwortlich als für einen Chef. ☐
- Wenn ich für andere arbeite, muss es möglich sein, dass ich immer wieder längere Pausen einlege, danach aber wieder mit neuen Aufgaben rechnen kann. ☐

Für gute Ergebnisse will ich entsprechend honoriert werden. Dafür nehme ich es in Kauf, dass ich bei schlechter Auftragslage vorübergehend arbeitslos bin.	☐
Ich möchte über meine Zeit und die Arbeitsbedingungen selbst bestimmen.	☐
Am liebsten arbeite ich von zu Hause aus und kommuniziere mit meinem Arbeitgeber per Computer, Telefon und Fax.	☐

Schauen Sie sich nun die von Ihnen angekreuzten Aussagen an und überlegen Sie, welche Konsequenzen sich daraus für Ihren weiteren Karriereverlauf ergeben. Die folgende Liste hilft Ihnen, Ihre Ergebnisse zu präzisieren.

Art des Unternehmens:

___

So sollte der Arbeitsplatz aussehen:

___

Die idealen Arbeitszeiten:

___

Diese Form der Vergütung wünsche ich mir:

___

Was ich für meinen Wunschberuf noch lernen muss:

___

So stelle ich mir meine Kollegen vor:

____

So sollte ein typischer Arbeitstag aussehen:

____

Festanstellung, freie Mitarbeit oder Selbstständigkeit

Wer sich fragt: »Soll ich mich wirklich selbstständig machen?«, verzichtet vielleicht lieber darauf. Selbstständigkeit ohne Enthusiasmus ist zum Scheitern verurteilt. Gerade in der ersten Zeit sind 14-Stunden-Arbeitstage nicht ungewöhnlich, und das bestimmt nicht nur an fünf Tagen in der Woche. Dieser Belastung wird man mit der Einstellung »Irgendwie muss man ja sein Geld verdienen« nicht standhalten. Die Frage sollte also besser lauten: »Wie mache ich mich selbstständig?«

Natürlich hat Selbstständigkeit viele Vorteile. Man teilt sich seine Zeit frei ein; entscheidet selbst, was wichtig ist. Für manche ist diese Unabhängigkeit ideal: einmal natürlich für sehr starke Persönlichkeiten, die sich schon aus Prinzip nichts von anderen sagen lassen; aber sicherlich auch für eher Zurückhaltende, die Schwierigkeiten haben, sich gegenüber autoritären Vorgesetzten zu behaupten. Wobei die zweite Gruppe sich fragen sollte, ob sie sich in Verhandlungen mit Auftraggebern genügend durchsetzen kann.

Angestellt im Unternehmen

Angestelltenverhältnisse sind für Menschen ideal, die ein klar strukturiertes Arbeitsumfeld brauchen und Teamarbeit mögen. Auch wenn das Modell des lebenslangen Arbeitens in einer Firma heute weitgehend ausgedient hat, finden Arbeitnehmer in Unternehmen immer noch ein gewisses Maß an »Geborgenheit« und Kontinuität.

Als Angestellter kann man von den Erfahrungen und Fähigkeiten seiner Kollegen profitieren und hat durchaus Aufstiegschancen, wenn man sich an die Spielregeln hält. Außerdem bekommt man ein festes Einkommen, was die private Finanzplanung natürlich vereinfacht. Dafür muss man sich allerdings damit abfinden, die Pläne des Vorgesetzten auszuführen. Und wenn man seinen Job nicht verlieren will, wird man auch manchmal unangenehme oder stupide Aufgaben erledigen müssen.

Zu einem gewissen Teil müssen Sie sich allerdings von Ihren persönlichen Vorstellungen verabschieden. Ihr Arbeitgeber wird von Ihnen verlangen, dass Sie sich an seine Regeln halten. Sie müssen Ihre eigenen Ziele denen des Unternehmens unterordnen. Wenn der Arbeitgeber es will, spazieren Sie im quietschgelben T-Shirt mit dem Aufdruck »Wir sind die Besten« über die Flure oder tragen Hasenohren. Das mag Ihnen gefallen oder auch nicht, allerdings wird sich niemand für Ihre persönliche Meinung interessieren. Ihr Vorgesetzter entscheidet, was Sie wann und wie erledigen. Er kann Sie kontrollieren und kritisieren. Wenn Sie Pech haben, interessiert sich niemand für Ihre Ideen. Vielleicht wird man Ihnen Aufgaben übertragen, die Ihren Wertvorstellungen widersprechen. Wenn Sie Ihren Job nicht verlieren wollen, müssen Sie diese Arbeiten ausführen.

Übung

Bewerten Sie die folgenden Aussagen, indem Sie »Ja« oder »Nein« ankreuzen. So gewinnen Sie einen Eindruck, ob die Mitarbeit in einem bestehenden Unternehmen für Sie die ideale Arbeitsform ist.

	ja	nein
1. Zu meinen besonderen Stärken gehören Zuverlässigkeit und häufige Übereinstimmung mit Vorgesetzten.	☐	☐
2. Mir ist es am liebsten, wenn mein Entscheidungsspielraum klar vorgegeben ist.	☐	☐
3. Ich möchte mich lieber nicht auf finanzielle Abenteuer einlassen und dabei meinen derzeitigen Lebensstil aufs Spiel setzen.	☐	☐
4. Am besten arbeite ich im Team.	☐	☐
5. Ich will ein festes, zuverlässiges Einkommen, während ich mich weiterbilde, um später andere berufliche Vorstellungen zu verwirklichen.	☐	☐
6. Es gibt bereits viele Unternehmen, deren Arbeitsweise und Ziele mit meinen eigenen Vorstellungen übereinstimmen.	☐	☐
7. Ich bin überzeugt davon, dass ich durch die Arbeit in einem Unternehmen viel lernen kann.	☐	☐
8. An großen Unternehmen mag ich die Sicherheit und die Aufstiegschancen.	☐	☐
9. Wenn ich abends nach Hause gehe, will ich die Arbeit hinter mir lassen. Ich finde, Arbeits- und Privatleben sollten getrennt sein.	☐	☐
10. Ich kann überhaupt nur als Angestellter in einem bestehenden Unternehmen arbeiten.	☐	☐

Auswertung

Falls Sie zehnmal »Ja« angekreuzt haben, sind Sie der ideale Mitarbeiter, ein Angestellter, wie Chefs ihn sich wünschen. Bei bis drei »Neins« besteht immerhin noch die Aussicht, ein solcher zu werden. Wer sich viermal oder noch öfter für »Nein« entschieden hat, muss sich die Frage gefallen lassen, ob der Angestelltenstatus das Richtige für ihn ist.

Freie Mitarbeit

Wenn Sie Ihre kreativen Ideen verwirklichen wollen und Ihnen freie Zeiteinteilung wichtig ist, sollten Sie über freie Mitarbeit nachdenken.

Viele Autoren, bildende Künstler, Musiker und Schauspieler entscheiden sich für diese Arbeitsform. Natürlich brauchen Sie als freier Mitarbeiter Selbstbewusstsein, Disziplin und Begeisterung für die Inhalte, die Sie vertreten.

Während Angestellte sich wohl oder übel mit mehr oder weniger Begeisterung täglich von 9 bis 17 Uhr ins Büro schleppen und bei der Gelegenheit dann auch so manches erledigen – schon allein, weil Vorgesetzte ein Auge auf sie werfen –, nimmt niemand Einfluss auf die Zeiteinteilung des freien Mitarbeiters, solange er die vereinbarten Termine einhält. Freie Mitarbeiter, die Probleme mit dem persönlichen Zeitmanagement haben, versinken unter Umständen bald im Chaos. Es besteht die Gefahr, dass sie sich zu sehr von ihrer Arbeit ablenken lassen.

Was Ihr Selbstbewusstsein angeht: Wenn Sie nicht an sich selbst und Ihre Arbeit glauben, werden Sie gerade am Anfang von der leisesten Kritik aus der Bahn geworfen – kein schöner Start in die neue Karriere. Wer aber von sich und seinen Fähigkeiten überzeugt ist, der kann seine Laufbahn nach eigenen Vorstellungen gestalten und sich auf die Dinge konzentrieren, die ihm am Herzen liegen.

Vorteile: Als freier Mitarbeiter genießen Sie das größte Maß an Freiheit. Sie entscheiden, welche Aufträge Sie wann ausführen. Ob Sie als freier Journalist nun morgens um 6 oder abends um 21 Uhr Ihre Artikel schreiben, interessiert niemanden, solange Sie Ihre Leser faszinieren und Ihren Auftraggeber korrekt bedienen. Außerdem werden Sie in der Regel zu Hause arbeiten. Mit Kollegen oder Vorgesetzten müssen Sie sich also kaum herumärgern. Sie können sich ganz auf Ihre Interessen und Fähigkeiten konzentrieren.

Nachteile: Als freier Mitarbeiter werden Sie kein regelmäßiges Einkommen haben. Wenn Sie sich als Angestellter bisher darauf verlassen konnten, dass Ihnen pünktlich in der Mitte eines jeden Monats Ihr Gehalt überwiesen wurde, müssen Sie sich nun umstellen. Vermutlich stellen Sie bald fest, dass Ihre Klienten oder Auftraggeber Ihr Honorar nicht immer zum vereinbarten Termin bezahlen. Ohne ein gewisses finanzielles Polster stehen Ihnen unsichere Zeiten ins Haus. Es kann Phasen geben, in denen Sie sich vor Aufträgen kaum retten können, und andere Zeiten, in denen Sie niemand braucht. Bedenken Sie außerdem, dass Sie als Freiberufler für Ihre Altersvorsorge selbst verantwortlich sind. Wer allerdings die aktuelle Rentendiskussion verfolgt, ahnt bereits, dass auch Angestellte in Zukunft zu mehr Eigeninitiative aufgefordert sein werden, was ihre finanzielle Sicherheit im Alter angeht.

Übung

Schauen Sie sich die folgenden Aussagen an und entscheiden Sie sich jeweils für »Ja« oder »Nein«.

	ja	nein
1. Ich kann von mir mit gutem Gewissen behaupten, dass ich über ein hohes Maß an Selbstdisziplin verfüge.	☐	☐
2. Für Vorschriften und Verbote habe ich kaum Verständnis.	☐	☐
3. Ich habe mich für meinen Beruf entschieden, weil er mir Spaß macht. Ich würde vermutlich auch weiterarbeiten, wenn ich dafür kein Geld bekäme.	☐	☐
4. Ich möchte nicht immer an einem Ort arbeiten müssen.	☐	☐
5. Ich will meine eigenen Ideen umsetzen.	☐	☐
6. Am liebsten arbeite ich allein. Wenn ich meine Ruhe habe, blühe ich richtig auf.	☐	☐
7. Meine beruflichen Entscheidungen treffe ich aus dem Bauch heraus. Ich brauche dafür keine Ratschläge von Vorgesetzten oder Kollegen.	☐	☐
8. Ich möchte weder den Stress noch die Verantwortung, die mit einem eigenen Unternehmen verbunden wären.	☐	☐
9. Wenn mir meine Arbeit wirklich Spaß macht, dann kann ich vorübergehend auch einmal mit weniger Geld auskommen.	☐	☐
10. Es ist sehr wichtig für mich, dass ich meine Zeit selbst einteilen kann.	☐	☐

Auswertung

Falls Sie zehnmal »Ja« angekreuzt haben, dann sind Sie der ideale freie Mitarbeiter, so wie ihn sich Chefs vorstellen. Bei bis drei »Neins« besteht immerhin noch Aussicht, ein solcher zu werden. Wer sich viermal oder noch öfter für »Nein« entschieden hat, muss sich die Frage gefallen lassen, ob die freie Mitarbeit der richtige Status für ihn ist.

Selbstständigkeit

Was stellt im Leben die Weichen? Neben Mut, Engagement und sicherlich auch einem Quäntchen Glück sind die ganz entscheidenden Weichensteller für den Erfolg in der Arbeitswelt als selbstständiger Unternehmer: Persönlichkeit, Leistungsmotivation, Kompetenz. Oder um es noch etwas anders auszudrücken: das *Wissen, Können, Wollen* und schließlich und endlich das *Tun!*

Zusätzlich braucht es neben einem fundierten beruflichen Hintergrundwissen eine möglichst hohe Selbsterkenntnis, das Einmaleins der Selbstpräsentation sowie ein strategisches, planerisches Vorgehen. Je sorgfältiger Sie Ihr Vorgehen planen, desto realistischer wird Ihr beruflicher Erfolg, ganz egal in welchem Bereich und unabhängig von der Verantwortungsebene.

Ob selbstständig oder angestellt, es sind diese Weichensteller, die Sie voranbringen, denn: Auf dem heutigen Arbeitsmarkt gibt es eigentlich nicht mehr *den* klassischen Arbeitnehmer auf der Suche nach *einem* klassischen Arbeitgeber, sondern wir alle sind Unternehmer – moderne Ein-Mann-/Eine-Frau-Dienstleistungsunternehmen.

Umso wichtiger für Sie, *unternehmerisch* zu denken und zu handeln. Wenn Sie Ihre Rolle jetzt wirklich als Unternehmer, als Selbstständiger ernst nehmen wollen, müssen Sie sich vertraut damit machen, wie und was Ihr Kunde denkt. Dass Intelligenz allein fast nichts bewirkt und worauf es wirklich ankommt, wenn man etwas erreichen will, verdeutlichen uns sehr anschaulich die Modelle der emotionalen, sozialen und Erfolgsintelligenz.

Aber bevor wir uns damit beschäftigen, sollten Sie sich nochmals selbst erforschen. »Was für ein Mensch bin ich eigentlich?«, eine scheinbar einfache Frage, die auch hier weiterbringt, wenn es darum geht herauszufinden, wie stark Ihr unternehmerisches Potenzial bereits vorhanden ist. Wenn Sie wirklich erfolgreich unternehmerisch tätig sein wollen, ist es sehr wichtig zu wissen, *wie* Sie sind und vor allem *wie* Sie von anderen eingeschätzt werden.

Übung

Als Unterstützung für die Einarbeitung in diese Thematik haben wir Ihnen jetzt wieder eine spezielle Liste von wichtigen Persönlichkeitsmerkmalen zur Selbsteinschätzung zusammengestellt. Sich vorab über die Frage »Was für ein unternehmerisches Potenzial habe ich?« detailliert Gedanken gemacht zu haben, festigt Ihre psychische Ausgangsposition und damit Ihr Selbstbewusstsein.

Bitte denken Sie daran: Sie müssen bei dieser Selbstbeurteilungsliste nicht um jeden Preis »gut abschneiden«, sich niemandem gegenüber rechtfertigen. Es geht allein um Ihre persönliche Einschätzung. In einem zweiten Schritt können Sie eine (oder mehrere) Person(en) Ihres Vertrauens bitten, die (zuvor ausgedruckte) Adjektivliste ebenfalls auszufüllen, und zwar hinsichtlich der Einschätzung, die diese Person von Ihnen hat. Der Vergleich beider Ergebnisse (Selbst- und Fremdbild) liefert Ihnen wiederum interessante Aufschlüsse über mögliche Differenzen von Selbst- und Fremdwahrnehmung und ist Anlass zum Nachdenken und (wenn Sie wollen) Stoff für – hoffentlich aufschlussreiche – Diskussionen.

Nun aber erst einmal zu Ihrer Selbstbeurteilung, Selbsteinschätzung: Um die Ausprägung einzelner Persönlichkeitseigenschaften besser einschätzen zu können, gibt es für jedes Adjektiv eine Skala von 0 bis 4. Die Extrempole sind 4 (sehr stark vorhanden/ausgeprägt) und 0 (überhaupt nicht vorhanden/ausgeprägt).

Falls Sie bei einzelnen Fragen nicht sicher sind, ob etwas so oder anders gemeint ist beziehungsweise was eigentlich unter diesem Begriff zu verstehen ist, entscheiden Sie bitte nach Ihrem persönlichen Verständnis.

Kreuzen Sie bei jeder der folgenden Eigenschaften an, wie stark vorhanden beziehungsweise ausgeprägt diese Ihrer Meinung nach bei Ihnen ist:

4 = sehr stark vorhanden/ausgeprägt
3 = klar und deutlich vorhanden/ausgeprägt
2 = normal vorhanden/ausgeprägt
1 = nur ganz schwach vorhanden/ausgeprägt
0 = überhaupt nicht vorhanden/ausgeprägt

fleißig	0	1	2	3	4
extrovertiert	0	1	2	3	4
akkurat	0	1	2	3	4
sorglos	0	1	2	3	4
stabil	0	1	2	3	4
offen	0	1	2	3	4
neugierig	0	1	2	3	4
kreativ	0	1	2	3	4
selbstbewusst	0	1	2	3	4
kommunikativ	0	1	2	3	4
ausdauernd	0	1	2	3	4
frustrationstolerant	0	1	2	3	4

Nach Expertenmeinung sind dies die entscheidenden Merkmale und Eigenschaften, die eine erfolgreiche Selbstständigkeit im Sinne einer Unternehmensführung auszeichnen. Wie schneiden Sie dabei ab? Im Durchschnitt sollten Sie bei etwa 2,5 Punkten liegen, das heißt, die Gesamtsumme aller Punkte sollte möglichst nicht 30 Punkte unterschreiten. Vergleichen Sie Ihr Selbstbild auch mit der Einschätzung, die enge und etwas weiter entfernte Freunde und Bekannte vornehmen.

Selbstständigkeit ist ideal für selbstbewusste, hoch motivierte Menschen, die gerne Verantwortung übernehmen. Erfolg als Unternehmer setzt mehr als alles andere die Bereitschaft voraus, Verantwortung zu tragen. Wer am liebsten andere entscheiden lässt, kann als Selbstständiger kaum glücklich werden.

Sind Sie froh, wenn Sie um 17 Uhr die Bürotür hinter sich schließen können? Möchten Sie keinesfalls auf sechs Wochen bezahlten Urlaub verzichten? Freuen Sie sich schon auf das 13. Monatsgehalt? Sie ahnen die Antwort: Wenn Sie nicht bereit sind, Ihre Vorstellungen und Einstellungen um 180 Grad zu drehen, ist Selbstständigkeit so ziemlich das Letzte, was für Sie infrage kommt.

Haben Sie eine Idee für ein neues Produkt oder eine Dienstleistung und sind Sie kaum noch zu bremsen, diese endlich zu verwirklichen? Ist Ihnen etwas ganz Neues eingefallen oder glauben Sie, bekannte Produkte wesentlich verbessern zu können? Solche Einfälle sind häufig Ausgangspunkt für unternehmerische Erfolge. Wer als Selbstständiger erfolgreich sein will, sollte seine Ziele leidenschaftlich verfolgen und muss risikofreudig sein. Er braucht Ideen, Fantasie und die Fähigkeit, andere mit seiner Begeisterung anzustecken. Will man den Unternehmertyp mit wenigen Worten charakterisieren, dann am ehesten als Menschen, der leicht Entscheidungen trifft, Herausforderungen liebt und bereit ist, hart zu arbeiten.

Vorteile: Wenn Sie ein eigenes Unternehmen gründen, haben Sie die Freiheit, Produkte oder Dienstleistungen nach eigenen Vorstellungen zu vermarkten. Sie genießen die Verantwortung, Ihr eigener Chef zu sein, und werden von anderen für Ihren Mut und Erfolg bewundert. Es reizt Sie, ein Team zusammenzustellen; die Leute auszusuchen, die für Sie arbeiten. Ihr Talent verkümmert nicht, Ihre Vorstellungen werden in die Tat umgesetzt. Wenn Sie Erfolg haben, profitieren Sie auch finanziell direkt davon und müssen keinen Arbeitgeber um eine Gehaltserhöhung bitten – Sie sind der Boss.

Nachteile: Wenn der gewünschte Erfolg ausbleibt, stehen Sie am Ende unter Umständen vor einem großen Schuldenberg. Erfolg oder Misserfolg hängen allein von Ihnen ab. Sie treffen die Entscheidungen, tragen die finanzielle Verantwortung. Sie arbeiten besonders in der Startphase eher 60 als 40 Stunden. Daher ist es wichtig, dass Sie Ihre Arbeit lieben. Wem es allein um das Geld geht, der hält dieser Belastung nicht lange stand.

Übung

Überlegen Sie auch bei den folgenden Äußerungen, ob für Sie »Ja« oder »Nein« zutrifft.

Aussage	ja	nein
1. Ich vertraue auf meine Instinkte und es bereitet mir keine Schwierigkeiten, Entscheidungen zu treffen.	☐	☐
2. Ich liebe Herausforderungen.	☐	☐
3. Es macht mir Spaß, für Dinge zu kämpfen, die ich haben will.	☐	☐
4. Wenn ich selbst von einer Idee überzeugt bin, gelingt es mir sehr schnell, auch meine Mitmenschen dafür zu begeistern.	☐	☐
5. Ich denke, dass meine Führungsqualitäten zu meinen wichtigsten Eigenschaften gehören.	☐	☐
6. Meine Ideen sind so gut, dass ich ein Scheitern meiner Pläne kaum befürchten muss.	☐	☐

7. Die Arbeit macht mir so viel Spaß, dass ich dabei nicht ständig auf die Uhr schaue. 40-Stunden-Woche? Was ist das denn?	☐	☐
8. Wenn ich etwas anfange, gebe ich nicht eher auf, bis das Projekt abgeschlossen ist.	☐	☐
9. Ich lasse mich nicht gleich von meinen Plänen abbringen, nur weil ich einmal etwas nicht weiß. In solchen Situationen stürze ich mich einfach mitten ins Problem. Auf diese Weise findet sich am schnellsten eine Lösung.	☐	☐
10. Die Freiheit, etwas Eigenes aufzubauen, ist sehr wichtig für mich.	☐	☐

Auswertung

Falls Sie zehnmal »Ja« angekreuzt haben, dann sind Sie der geborene Unternehmertyp. Bei bis zu drei »Neins« besteht immerhin noch Aussicht, ein solcher zu werden. Wer sich viermal oder noch öfter für »Nein« entschieden hat, muss sich die Frage gefallen lassen, ob der Status als selbstständiger Unternehmer für ihn der richtige ist.

Übung

Wenn Sie bereits ernsthaft darüber nachgedacht haben, sich selbstständig zu machen, werden Sie die folgenden Fragen leicht beantworten können.

Welches Produkt oder welche Dienstleistung möchte ich anbieten?

Wer kommt als Kunde für das Produkt oder die Dienstleistung infrage?

Welchen Wert hat dieses Produkt oder diese Dienstleistung für den Kunden?

Bringen meine Leistungen dem Kunden mehr Nutzen als Kosten?

Kann ich dieses Produkt oder die Dienstleistung für wesentlich weniger als den Verkaufspreis herstellen?

Wie will ich den Kunden von der Qualität meiner Leistungen überzeugen?

Wo will ich für meine Produkte werben?

Wie soll mein Geschäftsplan aussehen?

Wie will ich den Geschäftserfolg ermitteln? Wie stelle ich fest, ob ich meine Ziele erreiche?

____

____

Wie viel Eigenkapital brauche ich zur Verwirklichung meiner Geschäftsidee?

____

____

Habe ich genug finanzielle Rücklagen, um auch Durststrecken zu überstehen?

____

____

Sie haben sich intensiv mit sich selber beschäftigt, Ihre eigenen Hürden überwunden, sind in die Sphären Ihrer Persönlichkeit abgetaucht und haben sich betrachtet. Sie haben Ihre Persönlichkeitsmerkmale eingeschätzt und sich mit dem Bild, das andere von Ihnen haben, auseinandergesetzt, sind auf Ihre Kernfähigkeiten gestoßen, haben sich mit Ihren Interessen und Neigungen befasst – und sind sich doch noch nicht ganz sicher.

Bevor es weitergeht: Schreiben Sie auf, was Sie an Erkenntnisgewinn (egal ob Sie es bereits ahnten oder es für Sie völlig neu ist) durch die Bearbeitung dieses Kapitels erhalten haben, und fügen Sie im Anschluss Ihre Meinung, Ihre Ideen, Ihre spontanen Assoziationen dazu. Durch die schriftliche Auseinandersetzung werden Sie sich nochmals ganz intensiv mit den Ergebnissen beschäftigen. Es lohnt sich, diese Extraarbeit auf sich zu nehmen.

Orientierungstests – Hilfreiche Wegweiser

Der Wegweiser zeigt den Weg.
Er geht ihn nicht.

Sprichwort

Sind Sie sich jetzt schon sicher, was Sie zukünftig beruflich machen wollen beziehungsweise ob der bereits ausgeübte Beruf der eigentlich richtige für Sie ist? Wenn nicht, empfehlen wir Ihnen die folgenden Orientierungs- und Neigungstests. Sie werden Ihnen zusätzlich zu allen bisherigen Überlegungen und Übungen darüber Aufschluss geben, wo Ihre Interessen und Neigungen, Ihre persönlichen Stärken und Fähigkeiten, aber auch Ihre besten beruflichen Chancen am ehesten zu vermuten sind. Das kann Ihnen bei der Suche nach einem (neuen) Berufsfeld ziemlich gut behilflich sein, ersetzt jedoch keinesfalls das bereits vorgestellte und von Ihnen durchgearbeitete Programm. Verstehen Sie es bitte als eine Ergänzung und Unterstützung.

Nachdem Sie den ersten Test gemacht haben und sich mit dem Ergebnis auseinandersetzen, ist es wichtig, zu Stift und Papier zu greifen. Schreiben Sie zunächst das (objektive) Testergebnis auf und im Anschluss Ihre Meinung, Ihre Ideen, Ihre spontanen Assoziationen dazu. Nur durch die schriftliche Auseinandersetzung werden Sie sich ganz intensiv mit den Ergebnissen beschäftigen und auch davon etwas in Ihr Bewusstsein bekommen. Es lohnt sich, diese Extraarbeit auf sich zu nehmen. Wir werden Ihnen diesen Vorschlag auch am Ende des zweiten Tests machen.

Ihr persönlicher Potenzialanalyse-Test (PAT)

Viele wissen viel,
sich selbst kennt niemand.

Wahlspruch Heinrichs IV.

Viel zu oft wird der Eindruck erweckt, für die Berufseignung seien allein der gute Ausbildungs- oder gar Studienabschluss oder das Beherrschen der Computerprogramme X, Y und Z sowie hervorragende Sprachkenntnisse entscheidend. Mindestens genauso wichtig, vielleicht sogar wichtiger, ist es im Berufsleben, wie wir uns unseren Mitmenschen gegenüber präsentieren und in welcher Rolle wir uns wohl fühlen.

Manchmal lässt es sich rational nicht erklären, weshalb sich Bewerber für den einen oder anderen Beruf interessieren. Da will die eine für eine Fluggesellschaft arbeiten, weil sie dann kostenlos um die Welt fliegen kann. Der Nächste möchte Werbetexter werden, denn in jeder zweiten deutschen TV-Komödie sieht er, welch süßes Leben ihn dann erwartet. Man denkt sich Sprüche aus wie »Otto – find ich gut!«, verdient damit locker eine halbe Million im Jahr und wohnt in einer 400-Quadratmeter-Penthousewohnung mit Blick auf die Elbe. Der Dritte will Bäcker werden, weil er gern Kuchen isst; die Vierte denkt an eine Karriere als Versicherungsvertreterin, denn von ihrer Freundin weiß sie, wie schnell man in diesem Job angeblich reich werden kann.

Häufig vergisst man bei dieser Begeisterung, dass zum Erfolg im Beruf nicht nur Interesse, Wissen und spezielle Fähigkeiten gehören, sondern auch ganz bestimmte Persönlichkeitsmerkmale. Wer selbstständig ist und etwas verkaufen will, muss zum Beispiel ein gewisses Maß an Power mitbringen. Genau diese Eigenschaft würde aber zu ständigen Konflikten führen, wenn man in einer Beratungsstelle arbeitet.

Unser Test (PAT) soll Sie anregen, berufsbezogen über Ihre Persönlichkeit nachzudenken. Rekapitulieren Sie, wie Sie sich in unterschiedlichen Situationen verhalten. Betrachten Sie die Fragen als Angebot, sich selbst besser kennenzulernen. Wer sich aus freien Stücken Gedanken über seine Vorlieben und Stärken macht und überlegt, wie er an Aufgaben herangeht, bekommt wichtige Hinweise für seine Berufsorientierung und -findung.

Antworten und Testauswertung sind nur für Sie selbst bestimmt, da es hier um sehr persönliche Aussagen geht. Im ersten Teil kommen Sie zu realistischeren Ergebnissen, wenn Sie die Adjektive gemeinsam mit einem guten Freund/einer guten Freundin bewerten. Die Angst, dabei etwas Negatives über sich selbst zu erfahren, ist übrigens unbegründet. Aus der Perspektive anderer sieht manches für Sie vorteilhafter aus als aus Ihrer eigenen Sicht.

Wenn Sie die Fragen zweimal beantworten, werden Sie feststellen, wie sehr das Testergebnis von Ihrer Stimmung abhängt. Wenn Sie sich Freitagabend nach einer anstrengenden Woche mit den Fragen auseinandersetzen, fallen Ihre Antworten garantiert anders aus als Sonntag früh, wenn Sie sich ausgeruht nach einem ausgedehnten Frühstück an die Beantwortung machen. Probieren Sie es aus.

Damit im Buch nicht ein Chaos aus Durchstreichungen, Antworten aus verschiedenen Anläufen und Testergebnissen von Freunden entsteht, raten wir, die Seiten einige Male zu kopieren.

Im ersten Teil des Tests geht es darum, wie andere Sie sehen. Nun können Sie natürlich selbst überlegen, wie andere Sie wohl einschätzen. Das ist allerdings genauso umständlich, wie es klingt. Setzen Sie sich lieber mit einem guten Freund zusammen. Jeder beantwortet die Fragen zunächst allein. Sie schätzen sich selbst ein; Ihr Bekannter beurteilt Sie aus seiner Sicht. Dabei ist es wichtig, ausdrücklich um aufrichtige Antworten zu bitten, denn natürlich besteht die Gefahr, dass der andere überlegt: »Was willst du denn am liebsten von mir hören?« Anschließend vergleichen Sie die Ergebnisse und sprechen über die Punkte, bei denen Sie zu unterschiedlichen Resultaten kamen.

Damit das Ganze mehr Spaß macht und man nicht stundenlang nur über Sie spricht (was Ihren Gesprächspartner sehr schnell langweilen wird), empfiehlt es sich, die Fragen für beide Beteiligten zu beantworten. Im zweiten Durchgang geht es dann also um die Eigenschaften der anderen Person.

Im ersten Teil des Tests finden Sie eine Liste von Adjektiven. Kreuzen Sie jeweils den Buchstaben (Kästchen) an, der neben der Antwort steht, für die Sie sich entscheiden.

Test 1

	ja	nein
kontaktfreudig	E ☒	I ☐
eher ernst	I ☐	E ☒
handwerklich geschickt	P ☐	T ☒
planvoll	T ☒	P ☐
eher distanziert	V ☐	G ☒
eher naiv	G ☒	V ☐
eher etwas vorlaut	E ☒	I ☐
bescheiden	I ☐	E ☒
eher romantisch	G ☐	V ☒
gesellig	E ☒	I ☐
fantasievoll/träumerisch	T ☒	P ☐
schnell zupackend	P ☐	T ☒
eher schüchtern	I ☒	E ☐
spontan	P ☒	T ☐
eher berechnend	V ☐	G ☒
durchsetzungsstark	E ☐	I ☒
entschlussfreudig	P ☒	T ☐
sachlich	V ☒	G ☐
nachdenklich	V ☒	G ☐
schweigsam	I ☐	E ☒
pragmatisch/handlungsorientiert	P ☒	T ☐
lebhaft	E ☐	I ☒
mutig	P ☐	T ☒
analytisch orientiert	T ☒	P ☐
zurückhaltend	I ☐	E ☒
gefühlvoll	G ☒	V ☐
eher vorsichtig	T ☐	P ☒
detailbewusst	T ☒	P ☐

spontan	G ☒	V ☐
idealistisch	T ☒	P ☐
eher geradeheraus	E ☒	I ☐
eher verschlossen	I ☐	E ☒
abwägend	V ☒	G ☐
herzlich	G ☒	V ☐
rational/logisch denkend	V ☒	G ☐
eher gutgläubig	G ☒	V ☐

Im zweiten Teil des PAT schauen Sie sich nun bitte die folgenden Fragen an und entscheiden Sie, ob die Aussagen auf Sie zutreffen oder nicht. Bedenken Sie dabei, dass es keine richtigen oder falschen Antworten gibt. Sie müssen niemandem etwas vorspielen. Das Ergebnis geht nur Sie etwas an. Überlegen Sie also nicht: »Was wollen diejenigen, die diesen Test zusammengestellt haben, von mir hören?« Der Test soll der eigenen Orientierung dienen. Beantworten Sie die Fragen aus Ihrer derzeitigen Situation heraus. Wenn Sie Lust haben, kreuzen Sie bei einem zweiten Durchlauf die Eigenschaften an, die Sie bewundern. Beim anschließenden Vergleich der Ergebnisse bekommen Sie hilfreiche Anhaltspunkte für mögliche Veränderungen.

Nicht immer wird es einfach sein, sich für ein klares »Ja« oder »Nein« zu entscheiden. Die Aussage »Ich bin lieber zu Hause, als dass ich auf Partys gehe« werden Sie heute vielleicht anders bewerten als nächste Woche. Entscheiden Sie deshalb spontan und grübeln Sie nicht allzu lange, wie Sie in Zukunft zu den Dingen stehen könnten.

Beantworten Sie jede einzelne Frage, denn nur so kommen Sie am Ende zu einem sinnvollen Ergebnis. Markieren Sie den Buchstaben neben der Antwort, die auf Sie zutrifft. Zur Bedeutung der einzelnen Buchstaben kommen wir später.

Test 2

	stimmt	stimmt nicht
Häufig fällt es mir schwer, mich zurückzunehmen.	E ☒	I ☐
Ich bin kein Mensch, der viele Worte macht.	I ☐	E ☒
Ich bastele und tüftele gerne.	P ☐	T ☒
Oftmals wirke ich auf andere etwas kühl-distanziert.	V ☐	G ☒
Manchmal mache ich mir fast ein bisschen zu viele Gedanken.	V ☐	G ☒
Gewöhnlich gelingt es mir, meinen Willen durchzusetzen.	E ☒	I ☒
Ich schiebe nichts gerne auf die lange Bank.	P ☐	T ☒
Ich arbeite lieber im Team als alleine für mich.	E ☒	I ☐
Ich begeistere mich schnell für das konkret Machbare.	P ☐	T ☒

	stimmt	stimmt nicht
Auf andere Menschen zuzugehen fällt mir leicht.	E ☒	I ☐
Ich verfüge über viel Vorstellungskraft.	T ☒	P ☐
Auch in schwierigen Situationen bleibe ich objektiv und sachlich.	V ☐	G ☒
Logisch-abstraktes Denken liegt mir.	T ☒	P ☐
Ich habe noch hohe Ideale.	T ☒	P ☐
Anderen gegenüber Wünsche auszusprechen fällt mir schwer.	I ☐	E ☒
Oftmals zögere ich, bevor ich handle.	T ☒	P ☐
Das taktisch-strategische Denken liegt mir.	V ☒	G ☐
Auf andere Menschen wirke ich eher warmherzig.	G ☒	V ☐
Oftmals nehme ich viele Dinge zu ernst.	I ☐	E ☒
Bei mir dominiert oftmals das Gefühl den Verstand.	G ☐	V ☒
Ich verfüge über eine gute Portion Courage.	P ☒	T ☐
Ich bin im Umgang mit fremden Menschen eher etwas gehemmt.	I ☐	E ☒

Ich kann häufig sehr spontan reagieren.	P ☒	T ☐
Meine Gefühle offen zu zeigen fällt mir eher schwer.	I ☐	E ☒
Ich weiß mich in der Regel schnell zu entscheiden.	P ☒	T ☐
Ohne genaue Planung läuft bei mir nicht viel.	T ☐	P ☒
Auf andere wirke ich oft etwas unsicher.	I ☒	E ☐
Gerade in den kleinen Dingen kann ich sehr genau sein.	T ☐	P ☒
In anderen Menschen sehe ich immer zuerst das Gute.	G ☒	V ☐
Ich bin ein sehr aktiver Mensch.	E ☐	I ☒
Ich würde mich eher als Verstandesmensch bezeichnen.	V ☐	G ☒
Ich bin ein eher vertrauensvoller Mensch.	G ☒	V ☐
Ich halte mit meiner Meinung nicht hinter dem Berg.	E ☒	I ☐
Wenn es um Gefühle geht, muss ich nicht lange nachdenken.	G ☒	V ☐
Bevor ich handele, wäge ich meistens genau ab.	V ☐	G ☒
Ich bin eher romantisch veranlagt.	G ☐	V ☒

Zur Auswertung des PAT

Sie werden es gemerkt haben: Neben den Antworten »Ja« und »Nein« standen nicht etwa sämtliche Buchstaben des Alphabets, sondern immer wieder die Buchstabenkombinationen E und I, P und T, V und G.

Beginnen Sie die Auswertung, indem Sie zählen, wie oft Sie im ersten Teil des Tests den Buchstaben E markiert haben. Machen Sie die Gegenprobe, indem Sie sich anschauen, wie oft Sie den zu E gehörenden Buchstaben I angekreuzt haben. Die Summe der Markierungen (E und I) sollte genau 12 betragen. Verfahren Sie anschließend genauso mit den Buchstabenpaaren P und T und V und G. Sobald Sie den ersten Teil ausgewertet haben, wiederholen Sie das Ganze für Teil 2. Hier gelten die gleichen Bedingungen. Die einzelnen Ergebnisse tragen Sie am besten in die folgende Liste ein.

Das Testergebnis

Teil 1	+	Teil 2	=	Gesamtergebnis
E 9	+	E 9	=	18
I 3	+	I 3	=	6
P 4	+	P 5	=	9
T 8	+	T 7	=	15
V 5	+	V 3	=	8
G 7	+	G 9	=	16

Wenn Sie sich nun die einzelnen Buchstabenpaare E und I, P und T, V und G anschauen, wird das Gesamtergebnis für einen der beiden Buchstaben über 12 liegen. Unterstreichen Sie jeweils den Buchstaben mit der höheren Punktzahl. Aus den drei unterstrichenen Buchstaben ergibt sich eine Kombination wie zum Beispiel EPV. Für den Fall, dass ein- oder mehrmals auf beide Buchstaben des Paares je 12 Punkte fallen, lesen Sie am besten zunächst unsere Anmerkungen zu den einzelnen Buchstaben und entscheiden Sie dann, welche Beschreibungen eher auf Sie zutreffen.

Die Bedeutung der einzelnen Ergebnisse

Schauen Sie sich jetzt die Erläuterungen zum Testergebnis an. In der einen oder anderen Anmerkung werden Sie sich selbst oder Menschen aus Ihrem Umfeld wiedererkennen. Selbst wenn Sie auf den nächsten Seiten immer wieder denken: »Das stimmt so nicht! Ich bin ganz anders!«, haben wir unser Ziel erreicht: Wir möchten Sie zum Nachdenken anregen. Für Erfolg und Zufriedenheit im Beruf genügt es nun einmal nicht, Experte für ein spezielles Sachgebiet zu sein. Viel bedeutsamer ist Ihre Persönlichkeit.

E oder I

Sind Sie eher extro- oder introvertiert?

Wer bei der Berufswahl sein Temperament nicht berücksichtigt, wird sehr bald frustriert sein. Schauen Sie sich im Testergebnis bitte Ihre E- und I-Werte an. Falls sich die Punkte gleichmäßig auf beide Buchstaben verteilen, gelingt es Ihnen vermutlich, sich in verschiedenen Situationen zurechtzufinden. Probleme sind allerdings vorprogrammiert, wenn der E- oder I-Wert nahe an 3 beziehungsweise 22 Punkte kommt und Sie aus irgendeinem Grunde einen Karriereweg einschlagen, der ausgerechnet die andere Ausprägung verlangt.

Die Merkmale des Buchstaben E

Sie haben einen deutlich höheren E- als I-Wert (13–24), bitte tragen Sie Ihren Punktwert auf der folgenden Skala ein:

E-Skala

0 1 2 3 4 5 6 7 8 9 10 11 12 13 14 15 16 17 18 19 20 21 22 23 24

introvertiert extrovertiert

Extrovertierte Persönlichkeiten reagieren schnell auf Situationen und Menschen. Wenn Sie zu dieser Gruppe gehören, werden Sie vermutlich ungeduldig, wenn nicht alles sofort passiert. Veränderungen und Abwechslung machen Ihnen Spaß. Sie sind spontan und treffen Entscheidungen, ohne vorher groß nachzudenken. Wahrscheinlich interessieren Sie sich für viele Dinge und vielleicht sind Sie sogar als etwas »flatterhaft« zu bezeichnen.

Es hat viele Vorteile, extrovertiert zu sein. Andere werden Ihre Nähe suchen, weil Sie amüsant und begeisterungsfähig sind. Ihr Enthusiasmus ist vermutlich ansteckend. Sie sprudeln über vor neuen Ideen und nehmen Dinge gerne schnell in Angriff. Daher arbeiten Sie am besten in einem Beruf, der Tempo und Initiative verlangt. Ideale Arbeitsbedingungen bieten Ihnen die Medien und der Unterhaltungssektor, weil dort immer etwas passiert und Sie auch selten alleine sind.

Als Nachteil kann sich herausstellen, dass es Ihnen schwerfällt, angefangene Projekte auch wirklich abzuschließen. Da Ihre Interessen manchmal oberflächlich sind, mögen ernsthaftere und weniger flexible Menschen Ihnen leicht misstrauen. Vielleicht sind Sie auch schlecht im Organisieren. Kommt es gelegentlich vor, dass Sie zu Verabredungen nicht pünktlich erscheinen, sich einfach zu viel auf einmal vornehmen? Vermutlich nimmt man Ihnen dies noch nicht einmal übel, weil Sie durch Ihren persönlichen Charme überzeugen.

Die Merkmale des Buchstaben I

Sie haben einen deutlich höheren I- als E-Wert (13–24), bitte tragen Sie Ihren Punktwert auf der folgenden Skala ein:

I-Skala

0 1 2 3 4 5 6 7 8 9 10 11 12 13 14 15 16 17 18 19 20 21 22 23 24

extrovertiert — introvertiert

Wenn Ihr Testergebnis wesentlich mehr I- als E-Punkte aufweist, sind Sie ein eher introvertierter, ruhiger Typ und vermutlich beständig und zuverlässig. Bei sehr hoher I-Punktzahl kann Sie so leicht nichts aus der

Ruhe bringen. Falls Sie doch einmal etwas stört, warten Sie wahrscheinlich, bis sich die Dinge von allein klären. Wenn es sich irgendwie vermeiden lässt, verzichten Sie darauf, einzugreifen oder sich zu streiten.

Andere schätzen Sie, weil Sie selbst dann noch die Ruhe bewahren, wenn alle in Ihrer Umgebung in Panik ausbrechen. Häufig retten Sie die Situation durch Ihr gelassenes und besonnenes Auftreten. Viele werden Ihnen vertrauen und ein Vorbild in Ihnen sehen. Für Sie sind Berufe ideal, in denen es auf Zuverlässigkeit, Gründlichkeit und Pünktlichkeit ankommt.

Wer so viel Ruhe und Ordnung ausstrahlt, gilt leicht als langweilig, lahm und durchschaubar. Ihren Mitmenschen fehlt oft das Verständnis dafür, dass Sie Vor- und Nachteile lange gegeneinander abwägen, bevor Sie eine Entscheidung treffen.

Nachfolgend finden Sie eine Liste typischer Berufe für eher introvertierte und eher extrovertierte Persönlichkeiten. Sie sollten allerdings bedenken, dass bei diesen Vorschlägen nur eine der drei Komponenten Ihrer Persönlichkeit berücksichtigt wurde. Auf das Zusammenspiel der einzelnen Faktoren werden wir später noch eingehen.

eher introvertiert	**eher extrovertiert**
Verwaltungsbeamter	Werbemanager
Krankenwagenfahrer	Barkeeper
Kunsttherapeut	Propagandist
Restaurator	Marketingassistent
Technischer Zeichner	Friseur
Feuerwehrmann	Model
Bibliothekar	PR-Berater
Wissenschaftler	Masseur
Wächter	Kellner
Buchhalter	Verkäufer

(Siehe auch Auflistung im Anhang)

P oder T
Sind Sie ein praktischer oder ein theoretischer Typ?

Jetzt geht es um das nächste Buchstabenpaar. Wie ist die Verteilung Ihrer P- und T-Werte? Hier geht es um eine eher praktische Orientierung (P) im Gegensatz zu einer eher theoretischen Ausrichtung (T). Sicherlich wissen Sie, was Ihnen guttut: das konkrete Machen und Tun oder die diffizile theoretische Durchdringung und Planung einer Materie.

Die Merkmale des Buchstaben P

Sie haben einen deutlich höheren P- als T-Wert (13–24), bitte tragen Sie Ihren Punktwert auf der folgenden Skala ein:

P-Skala

0 1 2 3 4 5 6 7 8 9 10 11 12 13 14 15 16 17 18 19 20 21 22 23 24

theorieorientiert — praxisorientiert

Das Ergebnis Ihrer Buchstabenkombination P und T gibt Ihnen Hinweise darauf, inwieweit Sie sich im Berufsleben eher von konkreten, handfesten praktischen Erwägungen oder von einem primär abstrakten oder wissenschaftlichen Theorieinteresse leiten lassen. Vereinfacht ausgedrückt: Sind Sie ein Mensch der Tat oder eher ein Mensch der Planung?

Je öfter Sie im Test den Buchstaben P angekreuzt haben, desto wahrscheinlicher sind Sie ein eher spontaner, pragmatischer, handlungsorientierter Mensch. Ein langes Nachdenken über Eventualitäten und theoretische Aspekte einer Angelegenheit liegt Ihnen nicht. Ihr Motto: Träume sind Schäume, und: Am Anfang war die Tat. Sie bewegen sich gerne auf dem Boden der Tatsachen. Und das sehr standfest mit beiden Beinen.

Sie sind ein Macher und oft sicher eine Führungspersönlichkeit, der man gerne folgt. Ihre breiten Schultern und Ihr Kreuz schützen andere, die sich ängstlich hinter Ihnen verkriechen. Sie wissen, wie man im Alltag durch praktische Aufgabenbewältigung mit Schwierigkeiten fertig wird. Wenn Ihre Punktzahl einen sehr hohen P-Wert ausweisen sollte, könnte es sein, dass Sie manchmal zu hemdsärmelig auftreten und die dem Handeln oft sinnvollerweise vorangehenden (theoretischen) Überlegungen vernachlässigen. Schlimmstenfalls sehen Sie vor lauter Bäumen den Wald nicht.

Die Merkmale des Buchstaben T

Sie haben einen deutlich höheren T- als P-Wert (13–24), bitte tragen Sie Ihren Punktwert auf der folgenden Skala ein:

T-Skala

0 1 2 3 4 5 6 7 8 9 10 11 12 13 14 15 16 17 18 19 20 21 22 23 24

praxisorientiert — theorieorientiert

Wenn Sie beim Buchstaben T einen hohen Punktwert haben, signalisiert das eine Neigung, sich mit eher komplexen bis abstrakt-theoretischen Dingen auseinanderzusetzen. Sie sind fantasievoll und ideenreich, manchmal sogar abgehoben und träumerisch. Die Handhabbarkeit oder Nützlichkeit kommt bei Ihnen erst an dritter Stelle. Ihnen geht es nicht darum, sofort die Ärmel hochzukrempeln und anzupacken. Dafür sind Sie viel zu feinsinnig und in Ihre komplexe Gedankenwelt versunken.

Gleichzeitig sind Sie wahrscheinlich durchaus perfektionistisch veranlagt und finden das berühmte »Haar in der Suppe«. In Krisensituationen wissen Sie dafür aber auch fast immer einen Ausweg aufzuzeigen – denn Sie haben eher die Funktion eines Wegweisers. Den Weg auch zu gehen überlassen Sie gerne anderen. Sie sind der Planer, das Gehirn, aber keinesfalls die Hand oder gar die Faust. Sie lieben die intellektuellen, die feinen (Zwischen-)Töne und erreichen so Ihr durchaus hoch gestecktes Ziel.

Der Nachteil einer zu ausgeprägten theoretischen Orientierung (eines zu hohen T-Wertes) liegt in der Gefahr des Sich-Verlierens, Verzettelns, des Untergehens in abstrusen Abstraktionen, die für andere nur noch schwer oder gar nicht mehr nachvollziehbar sind.

Hier Beispiele für Berufe mit eher praktischer beziehungsweise eher theorieorientierter Ausrichtung:

eher praxisorientiert	**eher theorieorientiert**
Handwerker	Architekt
Techniker	Ingenieur
Verkäufer	Wissenschaftler
Unterhaltungsmusiker	Kunstkritiker
Sozialarbeiter	Psychologe
Boulevardjournalist	Sachbuchautor
Polizist/Feuerwehrmann	Jurist
Allgemeinmediziner/Kinderarzt	Pathologe/Psychiater
Gärtner	Biologe
Illustrator/Grafiker	Informatiker
Politiker	Politikwissenschaftler
Schauspieler	Dramaturg

(Siehe auch Auflistung im Anhang)

V oder G
Sind Sie mehr verstandes- oder gefühlsorientiert?

Nachdem wir Ihre E- und I- sowie die P- und T-Werte behandelt haben, geht es jetzt um das letzte Buchstabenpaar V und G, die Frage, ob Sie mehr vernunft- oder gefühlsgeleitet entscheiden.

Die Merkmale des Buchstaben V

Sie haben einen deutlich höheren V- als G-Wert (13–24), bitte tragen Sie Ihren Punktwert auf der folgenden Skala ein:

V-Skala

0 1 2 3 4 5 6 7 8 9 10 11 12 13 14 15 16 17 18 19 20 21 22 23 24

gefühlsorientiert — verstandesorientiert

Das Gesamtergebnis der Buchstabenkombination V und G gibt Ihnen Hinweise darauf, inwieweit Sie sich im Berufsleben eher von Verstandesaspekten oder Ihren Gefühlen leiten lassen. Je öfter Sie im Test den Buchstaben V angekreuzt haben, desto wahrscheinlicher sind Sie ein vernunftorientierter, realistischer, bodenständiger Mensch. Vermutlich bevorzugen Sie Aufgaben, bei denen es auf logisches Denken ankommt. Sie möchten wissen, woran Sie sind, erwarten Klarheit und eindeutige Ergebnisse. Ordnung und Systematik sind Ihnen wichtig.

Der große Vorteil dieser sachlichen Herangehensweise an die Dinge liegt darin, dass man in der Lage ist, sich auf das Wesentliche zu konzentrieren. Wenn Sie für den Buchstaben V im Test eine hohe Punktzahl erreicht haben, werden Sie Ihre beruflichen Ziele vermutlich ohne größere Schwierigkeiten realisieren.

Diese nüchterne Sichtweise bedeutet allerdings auch, dass Fragen und Probleme, die Einfühlungsvermögen verlangen und nicht nur einfach mit »Ja« oder »Nein« zu beantworten sind, Ihnen eher Schwierigkeiten bereiten. Daher bevorzugen Sie vermutlich Tätigkeiten, in denen Sie sich nicht mit zu viel Emotionen auseinandersetzen müssen. Mit Ihrer scharfen und logischen Sichtweise konzentrieren Sie sich auf Fakten und vernachlässigen dabei eher die Gefühlswelt. In Berufen, in denen Sie mit Zahlen, Informationen, Gegenständen oder Maschinen arbeiten, werden Sie sich am wohlsten fühlen. Vielleicht arbeiten Sie sogar gerne mit anderen Menschen zusammen, aber vor allem interessieren Sie messbare Ergebnisse.

Die Merkmale des Buchstaben G

Sie haben einen deutlich höheren G- als V-Wert (13–24), bitte tragen Sie Ihren Punktwert auf der folgenden Skala ein:

G-Skala

0 1 2 3 4 5 6 7 8 9 10 11 12 13 14 15 16 17 18 19 20 21 22 23 24

verstandesorientiert gefühlsorientiert

Wenn Sie beim Buchstaben V eine niedrige Punktzahl erzielten, haben Sie umso mehr Punkte beim Buchstaben G. Sie werden eher von Ihren Gefühlen und Empfindungen bestimmt, achten darauf, was andere Ihnen sagen und vor allem wie sie es sagen. Es ist Ihnen nicht gleichgültig, wie man über Sie spricht. Ihre Mitmenschen sind Ihnen vermutlich deutlich wichtiger als Gegenstände und Theorien. Logik und Ordnung spielen für Sie eher eine untergeordnete Rolle. Mit einem hohen G-Wert fällt es Ihnen wahrscheinlich leicht, die Dinge aus verschiedenen Blickwinkeln zu betrachten und daher Verständnis für die Position anderer aufzubringen. Wenn Sie Entscheidungen treffen, lassen Sie sich stärker von Gefühlen als von Fakten leiten.

Wenn Sie jedoch zu gefühlsbetont sind (G-Wert nahe an 22 und darüber), werden Sie von der kleinsten Kritik hart getroffen. Da Sie darüber wahrscheinlich nicht offen sprechen können, wissen Ihre Mitmenschen häufig gar nicht, was Sie bedrückt.

Aufgaben, bei denen Ihr stark entwickeltes Einfühlungsvermögen unberücksichtigt bleibt, werden Sie vermutlich frustrieren. Wahrscheinlich entmutigen und belasten Sie Ihre Gefühle manchmal, aber andererseits entspringen dieser inneren Unruhe oft kreative Ideen. Vielleicht interessieren Sie sich deshalb für künstlerische Berufe oder für Jobs im künstlerischen Umfeld. Genauso gut ist es möglich, dass Sie dank Ihrer Sensibilität Verständnis für die Schwierigkeiten Ihrer Mitmenschen haben und ihnen helfen können, diese Probleme zu lösen.

Zur ersten Orientierung über Beschäftigungen, die für V- oder G-Typen interessant sind, können Sie sich nun die folgende Aufstellung anschauen. Dabei bleiben natürlich zunächst die anderen beiden Persönlichkeitsmerkmale unberücksichtigt, die wir bereits geschildert haben. So ist es gut möglich, dass Sie sich mit keinem der vorgeschlagenen Berufe vollkommen identifizieren können. Trotzdem sollten Sie überlegen, welche der aufgelisteten Berufe Sie doch noch am meisten interessieren könnten.

Hier Beispiele für Berufe für eher verstandes- beziehungsweise eher gefühlsorientierte Persönlichkeiten:

eher gefühlsorientiert	**eher verstandesorientiert**
Künstler	Kameramann
Belletristikautor	Zollbeamter
Schaufenstergestalter	Taucher
Florist	Rechtsanwalt
Musiktherapeut	Mechaniker
Erzieher	Gefängniswärter
Schauspiellehrer	Immobilienmakler
Lehrer	Techniker
Musiker	Systemanalytiker
Altenpfleger	EDV-Spezialist
Verkäufer	Steuerberater

(Siehe auch Auflistung im Anhang)

Das Gesamtergebnis des PAT

Nachdem wir uns ausführlich mit den einzelnen Persönlichkeitsmerkmalen beschäftigt haben, geht es nun um das Gesamtbild. Man kann Menschen natürlich nicht auf Eigenschaften wie extrovertiert oder introvertiert reduzieren, auch wenn das sehr wichtige Basismerkmale der Persönlichkeit sind. Charakterstrukturen setzen sich immer aus mehreren Mosaikbausteinen zusammen. Wenn wir uns an dieser Stelle dafür entschieden haben, das Zusammenspiel von drei elementaren Faktoren zu untersuchen, ist das natürlich eine stark vereinfachte Darstellung, die aber trotzdem einen wichtigen Aussagewert hat.

Sie werden sich erinnern, dass wir Sie bei der Auswertung Ihres Testergebnisses gebeten haben, eine Kombination aus den Buchstaben mit der jeweils höheren Punktzahl zu bilden. Blättern Sie also bitte noch einmal zurück zum Testergebnis.

Mein Ergebnis lautet: ___________

Vermutlich werden Sie zunächst die Hinweise zu Ihrer eigenen Buchstabenkombination interessieren. Suchen Sie also auf den folgenden Seiten nach der entsprechenden Überschrift. Erkennen Sie sich wieder? Falls nicht, kann das daran liegen, dass Sie die Fragen anders ausgelegt haben als vorgesehen. Außerdem gehen wir in unseren Beispielen, wie bereits erwähnt, von deutlichen Gewichtungen bei den Ergebnissen aus (deutlich mehr als 12 Punkte für die einzelnen Buchstaben, also ab etwa 15).

Bedenken Sie jedoch, dass es hier nicht darum gehen kann, Ihnen einen wie auch immer gearteten Drei-Buchstaben-Stempel aufzudrücken. Unser Ziel ist vielmehr, zu erreichen, dass Sie sich über Ihre Persönlichkeit und über Ihre Wirkung auf Ihre Mitmenschen Gedanken machen und überlegen, ob Sie mit sich selbst zufrieden sind oder etwas ändern wollen.

Lesen Sie in jedem Fall die Hinweise zu allen Buchstabenkombinationen. Vielleicht stoßen Sie auf eine Zusammensetzung, bei der Sie denken:

»Genau so möchte ich sein. Mit diesen Eigenschaften lassen sich meine Ziele verwirklichen.« Wichtig ist, dass Sie über das Persönlichkeitsbild, mit dem Sie sich identifizieren, mit guten Freunden reden. Wirken Sie so auf andere? Falls nicht, ist es dann realistisch, sich entsprechend verändern zu wollen?

Garantiert erkennen Sie in der einen oder anderen Beschreibung Menschen aus Ihrer Umgebung wieder. Nutzen Sie die Gelegenheit und schauen Sie sich an, aus welchen Buchstaben sich die jeweilige Persönlichkeit zusammensetzen könnte. Das wird Ihnen helfen, andere besser zu verstehen.

Hier zur Erinnerung noch einmal die Bedeutung der einzelnen Buchstaben:

E = extrovertiert
P = praktisch orientiert
V = verstandesorientiert
I = introvertiert
T = theoretisch orientiert
G = gefühlsorientiert

Die Kombinationen der Persönlichkeitsfaktoren

EPV ▶ Unternehmer, Macher, Chef, Politiker, der »Leader«
EPG ▶ Abteilungsleiter, Betriebsrat, Sozialarbeiter, der »Werbeguru«
ETG ▶ Visionär, Clown, Ideologe, Lehrer, der »Revolutionär«
ETV ▶ Leiter F & E, Berater, Intendant, der »Chefideologe«
ITV ▶ Forscher, Professor, Spezialist, Jurist, der »Spion«
ITG ▶ Musiker, Mediziner, der »Künstler«
IPG ▶ Assistent, Schauspieler, Sekretär/in, die »Oberschwester«
IPV ▶ Staatssekretär, Sachbearbeiter, Polizist, der »Hausmeister«

EPV – Die typische Unternehmerpersönlichkeit

Sie sind extrovertiert sowie praxis- und verstandesorientiert. Zeichnen Sie zur Verdeutlichung hier nochmals Ihre drei Ergebnisse ein:

Wert Ihrer E-Skala

0 1 2 3 4 5 6 7 8 9 10 11 12 13 14 15 16 17 18 19 20 21 22 23 24

Wert Ihrer P-Skala

0 1 2 3 4 5 6 7 8 9 10 11 12 13 14 15 16 17 18 19 20 21 22 23 24

Wert Ihrer V-Skala

0 1 2 3 4 5 6 7 8 9 10 11 12 13 14 15 16 17 18 19 20 21 22 23 24

Je nach Ausprägung der hier beteiligten drei Persönlichkeitsmerkmale sind bei 12–16 Punkten folgende Eigenschaften *eher leicht* (12 Punkte) bis *deutlich* (16 Punkte) ausgeprägt:

E ▸ kommunikativ, zugewandt, spontan, offen, interessiert, zugänglich

P ▸ realistisch, zupackend, unkompliziert, unkonventionell, handwerklich geschickt

V ▸ rational, präzise, sachlich, abwägend, analytisch, detailbewusst, ausgeglichen

oder im anderen Extrem (ab etwa 20–24 Punkte) *eher leicht* (20) bis *stärker* (24 Punkte) ausgeprägt:

- **E** ▶ impulsiv, vereinnahmend, laut, fast hemmungslos, unkontrolliert
- **P** ▶ schlicht, vielleicht sogar etwas ungehobelt, beinahe klotzig, polternd
- **V** ▶ kühl, ambivalent, kopflastig, bewertend, materialistisch orientiert

oder Sie bewegen sich in einem eher unauffälligen Mittelfeld (17–19 Punkte) zwischen den eben beschriebenen adjektivischen Polen.

Ihr EPV-Resultat bedeutet:

Sie sind ein deutlich nach außen orientierter Mensch, eher rational, fast ein bisschen kühl und doch kämpferisch, möglicherweise sogar recht dominant. Sie wissen meistens genau, was Sie wollen, und nehmen es auch in Kauf, wenn Ihr Erfolg manchmal auf Kosten anderer geht.

Ohne Zweifel sind Sie in der Arbeit hoch motiviert und treten optimistisch, selbstsicher und energisch auf. Kennzeichnend ist auch Ihr ausgeprägtes Gespür für gute Gelegenheiten, die Sie für sich eindeutig zu nutzen wissen. Es ist recht unwahrscheinlich, dass Sie sich mit zu langem Nachdenken, Zögern oder gar mit Nebensächlichkeiten aufhalten. Sie gehen Ihren Weg und setzen sich fast mühelos gegenüber denen durch, die nicht so risikofreudig, nicht so fest entschlossen sind wie Sie.

Ihr selbstbewusster Stil und Ihr Mut werden im Geschäftsleben gebraucht. Der Schlüssel zu Ihrem Erfolg ist Ihre Unabhängigkeit. Sie sind jederzeit bereit, die Initiative zu ergreifen und so zu handeln, wie Sie es für richtig halten. Denn auf Ihren Verstand können Sie sich verlassen. Hohe

Sachkompetenz, gepaart mit praktischer Kommunikationsfähigkeit ohne »Gefühlsduselei«, prädestiniert Sie zum »Macher« – egal ob Sie mit hochgekrempelten Ärmeln selbst anpacken oder in Nadelstreifen managen.

Wenn andere mit Ihnen an einem Strang ziehen, ist Ihnen das recht. Aber: Meistens führen Sie, klar und ohne Kompromisse. Und falls man Ihnen nicht zustimmt, lassen Sie sich dadurch nicht so leicht aufhalten oder gar irritieren.

Sie werden sich für Berufe interessieren, in denen Sie Ihren eigenen Weg gehen und den Dingen Ihren persönlichen Stempel aufdrücken können. Erfolg muss für Sie messbar sein, am liebsten in Geld. Letztlich stehen Ihnen viele Berufswege offen mit Schwerpunkt in Leitungs- und Führungsaufgaben.

Karrierechancen

- Importeur/Exporteur
- Einkäufer
- Marketingdirektor
- Rechtsanwalt
- Handwerker (Meister)
- Chef
- Politiker
- Verleger
- Konzertagent
- Immobilienmakler
- Geschäftsführer
- Manager/Unternehmer
- Direktor
- Personalleiter

(Siehe auch Auflistung im Anhang)

EPG – Abteilungsleiter oder Betriebsratsvorsitzender

Sie sind vor allem extrovertiert, klar praktisch und dabei deutlich gefühlsorientiert. Zeichnen Sie zur Verdeutlichung hier nochmals Ihre drei Ergebnisse ein:

Wert Ihrer E-Skala

0 1 2 3 4 5 6 7 8 9 10 11 12 13 14 15 16 17 18 19 20 21 22 23 24

Wert Ihrer P-Skala

0 1 2 3 4 5 6 7 8 9 10 11 12 13 14 15 16 17 18 19 20 21 22 23 24

Wert Ihrer G-Skala

0 1 2 3 4 5 6 7 8 9 10 11 12 13 14 15 16 17 18 19 20 21 22 23 24

Je nach Ausprägung der hier beteiligten drei Persönlichkeitsmerkmale sind bei 12–16 Punkten folgende Eigenschaften *eher leicht* (12 Punkte) bis *deutlich* (16 Punkte) ausgeprägt:

E ▸ kommunikativ, zugewandt, spontan, offen, interessiert, zugänglich

P ▸ realistisch, zupackend, unkompliziert, unkonventionell, handwerklich geschickt

G ▸ sensibel, einfühlsam, herzlich, charmant

oder im anderen Extrem (ab etwa 20–24 Punkte) *eher leicht* (20) bis *stärker* (24 Punkte) ausgeprägt:

E ▸ impulsiv, vereinnahmend, laut, hemmungslos, unkontrolliert

P ▸ schlicht, vielleicht sogar etwas ungehobelt, beinahe klotzig, polternd

G ▸ übertrieben emotional, erdrückend, stimmungslabil

oder Sie bewegen sich in einem Mittelfeld (17–19 Punkte) zwischen den eben beschriebenen Polen.

Ihr EPG-Resultat bedeutet:

Sie sind ein nach außen orientierter, praktisch veranlagter Mensch und dazu mit einem reichen Gefühlsleben ausgestattet. Wenn es darauf ankommt – und nur dann –, fügen Sie sich in eine Gruppe ein oder sprechen Ihren Arbeitsplan mit anderen ab. Sie können sich entsprechend anpassen, auch wenn das nicht immer Ihr wichtigstes Anliegen ist. Meist sind Sie gut gelaunt. Sie wissen fast immer schon im Voraus, was Sie erwartet. Beziehungen zu Ihren Mitmenschen sind für Sie wichtig und von einer gegenseitigen Achtung bestimmt.

Sie finden sich durchaus gut in verschiedenen Situationen zurecht. Bevor Sie jedoch große Risiken eingehen, verlassen Sie sich lieber auf Ihre praktischen Erfahrungen und Ihr Gefühl. Ihre Selbstsicherheit und Ihr lebhaftes Auftreten vermitteln Führungsqualitäten. Sie können leicht auf andere zugehen und finden schnell den emotionalen »Draht«. Gerne setzen Sie sich für die Interessen anderer ein, notfalls sehr engagiert und leidenschaftlich. Bisweilen spielen Sie sogar mit dem Gedanken, mehr Verantwortung und damit eine tragende Führungsrolle zu übernehmen, entscheiden sich dann aber doch häufig auch dagegen. Die Beziehungen zu Ihren Mitmenschen würden sich ändern. Sie müssten immer wieder unpopuläre Entscheidungen treffen, mit denen andere häufig nicht einverstanden wären. Mit diesen Problemen wollen Sie sich eigentlich nur ungern belasten und trotzdem kommen Sie nicht selten in solche schwierigen Situationen. Ihr persönlicher Freiraum ist Ihnen wichtig.

Karrierechancen:

- Übersetzer
- Bademeister/Masseur
- Verkehrspolizist
- Personalmanager
- Gewerkschaftssekretär
- Hotelfachpersonal/Rezeption
- Chefkoch
- Ernährungsberater
- Maler/Dekorateur
- Betriebsrat
- Bauleiter
- Abteilungsleiter

(Siehe auch Auflistung im Anhang)

E T G – Visionär, Mannschaftskapitän oder Hochschullehrer

Sie sind vor allem extrovertiert, theorieorientiert und trotzdem gefühlsbetont. Zeichnen Sie zur Verdeutlichung hier nochmals Ihre drei Ergebnisse ein:

Wert Ihrer E-Skala

0	1	2	3	4	5	6	7	8	9	10	11	12	13	14	15	16	17	18	19	20	21	22	23	24

Wert Ihrer T-Skala

0	1	2	3	4	5	6	7	8	9	10	11	12	13	14	15	16	17	18	19	20	21	22	23	24

Wert Ihrer G-Skala

0	1	2	3	4	5	6	7	8	9	10	11	12	13	14	15	16	17	18	19	20	21	22	23	24

Je nach Ausprägung der hier beteiligten drei Persönlichkeitsmerkmale sind bei 12–16 Punkten folgende Eigenschaften *eher leicht* (12 Punkte) bis *deutlich* (16 Punkte) ausgeprägt:

E ► kommunikativ, zugewandt, spontan, offen, interessiert, zugänglich

T ► differenziert, intellektuell, wissenschaftlich, fantasievoll

G ► sensibel, einfühlsam, herzlich, charmant

oder im anderen Extrem (ab etwa 20–24 Punkte) *eher leicht* (20) bis *stärker* (24 Punkte) ausgeprägt:

- **E** ▸ impulsiv, vereinnahmend, laut, hemmungslos, unkontrolliert
- **T** ▸ relativ kompliziert, recht abgehoben, fast schon realitätsfern, etwas versponnen
- **G** ▸ etwas übertrieben emotional, beinahe erdrückend, häufiger stimmungslabil

oder Sie bewegen sich in einem eher unauffälligen Mittelfeld (etwa 17–19 Punkte) zwischen den eben beschriebenen adjektivischen Polen.

Ihr ETG-Resultat bedeutet:

Sie sind ein nach außen orientierter und dabei gleichzeitig ein etwas theorie- und kopflastiger Mensch. Zusätzlich sind Sie aber auch mit einem reichen Gefühlsleben ausgestattet. Das findet man selten. Durch diese außergewöhnliche Kombination finden Sie sich fast überall schnell zurecht. Dank dieser Eigenschaften sind für Sie Berufe ideal, in denen es sowohl auf Einfühlungsvermögen als auch auf ein höheres theoretisches Verständnis ankommt. Andere schätzen Sie, weil Sie Zuversicht und Sicherheit ausstrahlen. Sie sind in der Lage, Visionen zu entwickeln und andere zu begeistern.

In Krisensituationen behalten Sie lange den Überblick, während um Sie herum viele bereits in Panik geraten. Zwar mögen Sie Herausforderungen, dabei ist Ihnen allerdings am liebsten, Sie behalten das Steuer in der Hand, kalkulierbare Risiken sind Ihre Sache, nicht das reine Glücksspiel. Das Leben finden Sie interessant, wobei Sie sich eher durch ansteckenden Enthusiasmus als durch brennenden Ehrgeiz auszeichnen.

Es gibt viele Bereiche und Positionen, in denen Sie mit Erfolg arbeiten können. Ihre Eigenschaften sind so begehrt, dass Sie vermutlich immer einen Job finden werden. Durch Ihre vielseitige Veranlagung, eine gut entwickelte Initiative und Schaffenskraft und aufgrund Ihrer sozialen Kompetenz und emotionalen Intelligenz genießen Sie bei vielen Anerkennung, manchmal sogar Bewunderung.

Karrierechancen:

- Lehrer
- Friseur
- Masseur
- Empfangschef
- Sekretär/in
- Sozialpädagoge
- Erzieher
- Zahnarzthelfer
- Flugbegleiter
- Psychiater

(Siehe auch Auflistung im Anhang)

ETV – »Chefideologe«, Leiter Forschung & Entwicklung oder Berater

Sie sind vor allem extrovertiert, theorie- und verstandesorientiert. Zeichnen Sie zur Verdeutlichung hier nochmals Ihre drei Ergebnisse ein:

Wert Ihrer E-Skala

0 1 2 3 4 5 6 7 8 9 10 11 12 13 14 15 16 17 18 19 20 21 22 23 24

Wert Ihrer T-Skala

0 1 2 3 4 5 6 7 8 9 10 11 12 13 14 15 16 17 18 19 20 21 22 23 24

Wert Ihrer V-Skala

0 1 2 3 4 5 6 7 8 9 10 11 12 13 14 15 16 17 18 19 20 21 22 23 24

Je nach Ausprägung der hier beteiligten drei Persönlichkeitsmerkmale sind bei 12–16 Punkten folgende Eigenschaften *eher leicht* (12 Punkte) bis *deutlich* (16 Punkte) ausgeprägt:

E ▸ kommunikativ, zugewandt, spontan, offen, interessiert, zugänglich

T ▸ differenziert, intellektuell, wissenschaftlich, fantasievoll

V ▸ rational, präzise, sachlich, abwägend, analytisch, detailbewusst, ausgeglichen

oder im anderen Extrem (ab etwa 20–24 Punkte) *eher leicht* (20) bis *stärker* (24 Punkte) ausgeprägt:

E ▸ impulsiv, vereinnahmend, laut, hemmungslos, unkontrolliert

T ▸ relativ kompliziert, recht abgehoben, fast schon realitätsfern, etwas versponnen

V ▸ kühl, ambivalent, kopflastig, bewertend, materialistisch

oder Sie bewegen sich in einem eher unauffälligen Mittelfeld (etwa 17–19 Punkte) zwischen den eben beschriebenen adjektivischen Polen.

Ihr ETV-Resultat bedeutet:

Sie sind ein nach außen, theoretisch-intellektuell und klar verstandesmäßig orientierter Mensch. Eine besondere Mischung.

Zwar arbeiten Sie mit anderen zusammen, möchten sich aber entsprechend Ihrer eher theoretisch-intellektuellen Orientierung nicht gern unterordnen. Selbst wenn die Mehrheit sich deutlich für etwas entscheidet, was Ihnen nicht gefällt, halten Sie konsequent dagegen. Auf Ihre intellektuelle Kapazität, auf Ihren Sachverstand können Sie sich verlassen.

Sie lassen sich nicht so leicht vom Wesentlichen ablenken, haben aber für außergewöhnliche bis abstrus verrückte Ideen durchaus Verständnis. Sie erwarten, dass die Dinge berechenbar und logisch verlaufen, sind aber angesichts von sehr komplexen und fast chaotisch anmutenden Veränderungen immer noch handlungsfähig. Risiken schließen Sie nicht von vornherein aus, aber Sie möchten gerne das Heft in der Hand behalten.

Für Sie sind Berufsfelder interessant, in denen es um einerseits logische, aber auch hoch komplexe Abläufe geht. Ihre größte Gefahr ist die Unterforderung. Sie langweilen sich schnell, wenn es nicht um spannende Herausforderungen geht. Sehr wahrscheinlich werden Sie Aufgaben immer gemeinsam mit anderen erledigen, ohne eine Position der Gefügigkeit einzunehmen.

Karrierechancen:

- Chefideologe
- Leiter Forschung & Entwicklung
- Krankenpfleger/-schwester
- Polizist
- Rechtsanwalt
- Intendant
- Berater
- Ingenieur
- Mediziner
- Jurist

(Siehe auch Auflistung im Anhang)

ITG – Künstler, Musiker oder Mediziner

Sie sind vor allem introvertiert, theorie- und doch auch gefühlsorientiert. Zeichnen Sie zur Verdeutlichung hier nochmals Ihre drei Ergebnisse ein:

Wert Ihrer I-Skala

0	1	2	3	4	5	6	7	8	9	10	11	12	13	14	15	16	17	18	19	20	21	22	23	24

Wert Ihrer T-Skala

0	1	2	3	4	5	6	7	8	9	10	11	12	13	14	15	16	17	18	19	20	21	22	23	24

Wert Ihrer G-Skala

0	1	2	3	4	5	6	7	8	9	10	11	12	13	14	15	16	17	18	19	20	21	22	23	24

Je nach Ausprägung der hier beteiligten drei Persönlichkeitsmerkmale sind bei 12–16 Punkten folgende Eigenschaften *eher leicht* (12 Punkte) bis *deutlich* (16 Punkte) ausgeprägt:

I ▶ zurückhaltend, aufmerksam, bedächtig, leise, vorsichtig

T ▶ differenziert, intellektuell, wissenschaftlich, fantasievoll

G ▶ sensibel, einfühlsam, herzlich, charmant

oder im anderen Extrem (ab etwa 20–24 Punkte) *eher leicht* (20) bis *stärker* (24 Punkte) ausgeprägt:

I ▸ still, verschlossen, distanziert, eher gehemmt, fast unsicher

T ▸ relativ kompliziert, recht abgehoben, fast schon realitätsfern, etwas versponnen

G ▸ etwas übertrieben emotional, beinahe erdrückend, häufiger stimmungslabil

oder Sie bewegen sich in einem eher unauffälligen Mittelfeld (etwa 17–19 Punkte) zwischen den eben beschriebenen adjektivischen Polen.

Ihr ITG-Resultat bedeutet:

Sie sind eher zurückhaltend vorsichtig, gern abstrakt-theoretisch denkend und gleichzeitig mit einem erstaunlich reichen Gefühlsleben ausgestattet. Das Rampenlicht überlassen Sie gerne anderen. Es scheint, als opferten Sie sich eher still für Ihre Ideale auf. Sie haben Verständnis für andere und können mit Ihren Kenntnissen zu deren Wohlbefinden beitragen. Sie sind ein aufmerksamer, wenn auch eher still-zurückhaltender Beobachter am Rande des Geschehens und setzen Ihre Talente sinnvoll ein, ohne viel Aufhebens davon zu machen. Dadurch sind Sie eine Bereicherung für jedes Team. Ohne Probleme fügen Sie sich in Gemeinschaften ein. Niemand fühlt sich durch Sie bedroht, weil Sie eher selten einen Führungsanspruch anmelden, vor allem sich nicht gerne streiten.

Viele Mitmenschen mögen Sie, weil Sie ihnen Sympathie entgegenbringen und gerne helfen. Probleme kann man bei Ihnen abladen, denn Sie haben fast immer viel Verständnis und geben unaufdringliche, aber sinnvolle Ratschläge. Sie sind flexibel genug, um je nach Situation mit

Fachkollegen oder Fachfremden zusammenzuarbeiten. Bei aller Zurückhaltung freuen auch Sie sich, wenn man Ihre Leistung anerkennt, und merken es manchmal vielleicht zu spät, wenn man Sie ausnutzt.

Ihr besonderes Kapital: Sie verfügen über ein hohes theoretisches Können, intellektuelles Wissen bei gleichzeitig gut entwickelter Intuition.

Karrierechancen:

- Mitarbeiter einer Beratungsstelle
- Krankenpfleger/-schwester
- Erzieher
- Musiker
- Künstler
- Nachhilfelehrer
- Sozialarbeiter
- Psychotherapeut
- Mediziner
- Kriminologe

(Siehe auch Auflistung im Anhang)

ITV – Professor, Spezialist oder Geheimagent

Sie sind vor allem introvertiert, theorie- und verstandesorientiert. Zeichnen Sie zur Verdeutlichung hier nochmals Ihre drei Ergebnisse ein:

Wert Ihrer I-Skala

0 1 2 3 4 5 6 7 8 9 10 11 12 13 14 15 16 17 18 19 20 21 22 23 24

Wert Ihrer T-Skala

0 1 2 3 4 5 6 7 8 9 10 11 12 13 14 15 16 17 18 19 20 21 22 23 24

Wert Ihrer V-Skala

0 1 2 3 4 5 6 7 8 9 10 11 12 13 14 15 16 17 18 19 20 21 22 23 24

Je nach Ausprägung der hier beteiligten drei Persönlichkeitsmerkmale sind bei 12–16 Punkten folgende Eigenschaften *eher leicht* (12 Punkte) bis *deutlich* (16 Punkte) ausgeprägt:

I ▸ zurückhaltend, aufmerksam, bedächtig, leise, vorsichtig

T ▸ differenziert, intellektuell, wissenschaftlich, fantasievoll

V ▸ rational, präzise, sachlich, abwägend, analytisch, detailbewusst, ausgeglichen

oder im anderen Extrem (ab etwa 20–24 Punkte) *eher leicht* (20) bis *stärker* (24 Punkte) ausgeprägt:

- **I** ▶ still, verschlossen, distanziert, eher gehemmt, fast unsicher
- **T** ▶ relativ kompliziert, recht abgehoben, fast schon realitätsfern, etwas versponnen
- **V** ▶ kühl, ambivalent, kopflastig, bewertend, materialistisch

oder bewegen sich in einem Mittelfeld (17–19 Punkte) zwischen den eben beschriebenen Polen.

Ihr ITV-Resultat bedeutet:

Sie sind eher zurückhaltend, gern abstrakt-theoretisch denkend bei einem klaren, rational-analytischen Verstand. Ideen faszinieren Sie, wobei Sie die Dinge oft aus einer gewissen sicheren (kühlen) Distanz betrachten. Sie fühlen sich selten persönlich betroffen von dem, was um Sie herum geschieht, wirken deutlich gelassen bis kühl. Sie interessieren sich mehr für Technik und Kunst als für die praktisch-sozialen Angelegenheiten. Allerdings sind Sie durch Ihre innere Ruhe und Abgeklärtheit eher Kommentator oder Kritiker als praktizierender, gefühlsbeladener Künstler.

Mit Ihrer distanzierten, logischen Sichtweise beeinflussen Sie auch Ihre Mitmenschen. Sie wollen nicht nur Ihre Meinung kundtun, Sie möchten auch etwas bewirken, erreichen. Wenn Sie mit anderen zusammenarbeiten, nehmen Sie oft eine gewisse Außenseiterrolle ein. Das beinhaltet auch, dass Sie öfters Schwierigkeiten haben, auf andere zuzugehen. Sie können nicht so leicht »aus Ihrer Haut raus«. Trotzdem strahlen Sie durch Ihre Qualifikation und Erfahrung Autorität aus. Gelegentlich sind Ihre Vorschläge allerdings zu theoretisch, um von Ihren Mitmenschen verstanden und akzeptiert zu werden. Das ändert jedoch nichts an der Tatsache, dass Sie klare, präzise Vorstellungen haben, welcher Weg gegangen werden sollte, manchmal auch gegangen werden muss. Dann können Sie sich auch durchsetzen. Über das dazu nötige Wissen verfügen Sie.

Karrierechancen:

- Unternehmensberater
- Personalentwickler
- Journalist
- Professor
- Naturwissenschaftler
- Offizier
- Luftverkehrskaufmann
- EDV-Spezialist
- Sozialwissenschaftler
- Logistikexperte
- Bibliothekar
- Kriminalkommissar
- Mathematiker
- Pilot
- Fluglotse
- Betriebswirt

(Siehe auch Auflistung im Anhang)

IPV – Staatssekretär, Sachbearbeiter oder Verkehrspolizist

Sie sind vor allem introvertiert, praktisch veranlagt und verstandesorientiert. Zeichnen Sie zur Verdeutlichung hier nochmals Ihre drei Ergebnisse ein:

Wert Ihrer I-Skala

0 1 2 3 4 5 6 7 8 9 10 11 12 13 14 15 16 17 18 19 20 21 22 23 24

Wert Ihrer P-Skala

0 1 2 3 4 5 6 7 8 9 10 11 12 13 14 15 16 17 18 19 20 21 22 23 24

Wert Ihrer V-Skala

0 1 2 3 4 5 6 7 8 9 10 11 12 13 14 15 16 17 18 19 20 21 22 23 24

Je nach Ausprägung der hier beteiligten drei Persönlichkeitsmerkmale sind bei 12–16 Punkten folgende Eigenschaften *eher leicht* (12 Punkte) bis *deutlich* (16 Punkte) ausgeprägt:

I ▸ zurückhaltend, aufmerksam, bedächtig, leise, vorsichtig

P ▸ realistisch, zupackend, unkompliziert, unkonventionell, handwerklich geschickt

V ▸ rational, präzise, sachlich, abwägend, analytisch, detailbewusst, ausgeglichen

oder im anderen Extrem (ab etwa 20–24 Punkte) *eher leicht* (20) bis *stärker* (24 Punkte) ausgeprägt:

I ▸ still, verschlossen, distanziert, eher gehemmt, fast unsicher

P ▸ eher schlicht, vielleicht sogar etwas ungehobelt, beinahe klotzig, polternd

V ▸ kühl, ambivalent, kopflastig, bewertend, materialistisch

oder bewegen sich in einem Mittelfeld (17–19 Punkte) zwischen den eben beschriebenen Polen.

Ihr IPV-Resultat bedeutet:

Sie sind eher zurückhaltend-bedachtsam, jedoch praxisorientiert handelnd und verfügen dabei gleichzeitig über einen wachen, rational-analytischen Verstand. Vor allem klar umrissene Projekte faszinieren Sie, und mit Ihrem besonderen Elan können Sie auf andere fast schon gefährlich wirken. Sie kennen die Fakten und präsentieren diese gelassen und logisch. Vieles von Ihrem Tun – unter Umständen auch wichtige Informationen – behalten Sie gerne für sich. Wenn Sie auf Leute treffen, die es mit Ihnen aufnehmen können, sind Sie bereit zu diskutieren, wenn es sich lohnt. Was Sie jedoch nicht ausstehen können, sind Unprofessionalität und leeres Geschwätz, denn Sie wissen, was Sie wollen, was Sie können und was wie gemacht wird.

Sie sind sehr unabhängig. Ihre Mitmenschen brauchen Sie zur Lösung ihrer Probleme. Allerdings ist Ihr Umgang mit ihnen eher geschäftlich kühl-distanziert als warm und herzlich. Wenn Sie sich mit anderen treffen, muss es einen konkreten Anlass dafür geben. Ihre Zeit ist zu kostbar, um einfach nur Kontakte zu pflegen und sich sozialem Geplänkel hinzugeben.

Es fällt Ihnen nicht schwer, die Ruhe zu bewahren. Wenn andere aufgeregt herumspringen und irrational handeln, behalten Sie die Nerven. Ihr sachliches, souveränes Auftreten und Ihre Objektivität werden dort gebraucht, wo es um rechtliche oder konkret messbare Dinge geht.

Karrierechancen:

- Kfz-Mechaniker
- Zollbeamter
- Kriminalbeamter
- Polizist
- Tischler
- Bauhandwerker
- Schlosser
- Richter
- Sachbearbeiter
- Verwaltungsjurist
- Zahntechniker
- Finanzexperte

(Siehe auch Auflistung im Anhang)

IPG – Assistent, Sekretär oder Hausmeister

Sie sind vor allem introvertiert, praktisch-konkret veranlagt und gefühlsorientiert. Zeichnen Sie zur Verdeutlichung hier nochmals Ihre drei Ergebnisse ein:

Wert Ihrer I-Skala

0 1 2 3 4 5 6 7 8 9 10 11 12 13 14 15 16 17 18 19 20 21 22 23 24

Wert Ihrer P-Skala

0 1 2 3 4 5 6 7 8 9 10 11 12 13 14 15 16 17 18 19 20 21 22 23 24

Wert Ihrer G-Skala

0 1 2 3 4 5 6 7 8 9 10 11 12 13 14 15 16 17 18 19 20 21 22 23 24

Je nach Ausprägung der hier beteiligten drei Persönlichkeitsmerkmale sind bei 12–16 Punkten folgende Eigenschaften *eher leicht* (12 Punkte) bis *deutlich* (16 Punkte) ausgeprägt:

I ▸ zurückhaltend, aufmerksam, bedächtig, leise, vorsichtig

P ▸ realistisch, zupackend, unkompliziert, unkonventionell, handwerklich geschickt

G ▸ sensibel, einfühlsam, herzlich, charmant

oder im anderen Extrem (ab etwa 20–24 Punkte) eher leicht (20) bis stärker (24 Punkte) ausgeprägt:

- **I** ▸ still, verschlossen, distanziert, eher gehemmt, fast unsicher
- **P** ▸ schlicht, vielleicht sogar ungehobelt, beinahe klotzig, polternd
- **G** ▸ etwas übertrieben emotional, beinahe erdrückend, häufiger stimmungslabil

oder bewegen sich in einem Mittelfeld (17–19 Punkte) zwischen den eben beschriebenen Polen.

Ihr IPG-Resultat bedeutet:

Sie sind eher zurückhaltend-bedachtsam, konkret-praktisch handelnd und verfügen dabei gleichzeitig über ein tiefes Gefühlsleben. Sie interessieren sich durchaus für Ihre Mitmenschen und haben ein gutes Gespür dafür, was diese bewegt. Ideal sind für Sie leitende Positionen in Bereichen, in denen es auf ein gutes Zusammenspiel der einzelnen Mitarbeiter ankommt. Ihr Ziel ist es, klar umrissene Aufgaben mit und durch Menschen zu lösen. Sie können recht gut organisieren und lassen sich nicht leicht aus der Ruhe bringen. Sie planen gerne für die Zukunft und verlassen sich dabei auf Ihre eigenen Stärken. Von abstrakten und komplizierten Ideen halten Sie eher wenig. Lieber verlassen Sie sich auf Ihre konkrete Erfahrung und Ihre Fähigkeiten.

Sie handeln klar pragmatisch und methodisch, ohne dass Sie andere oder sich selbst allzu sehr inspirieren lassen. Da Sie keine besonders großen Risiken eingehen, erreichen Sie in der Regel Ihre Ziele. Weil andere Ihnen vertrauen, finden Sie sich häufig in einer Art Führungsrolle wieder. Oft sind Sie derjenige, der für den reibungslosen, gut organisierten Ablauf sorgt. Häufig geht es dabei um Produktion oder Verkauf. Am wohlsten fühlen Sie sich in Unternehmen, in denen Sie auf klare, greifbare Ziele gemeinsam mit anderen hinarbeiten können.

Karrierechancen:

- Bankkaufmann
- Restaurantfachkraft
- Kaufhausdetektiv
- Sekretär/-in
- Goldschmied
- Physiotherapeut
- Hotelmitarbeiter
- Produktionsmitarbeiter
- Assistent
- Fotograf
- Koch
- Gärtner

(Siehe auch Auflistung im Anhang)

Wichtige ergänzende Anmerkungen

Schön, wenn ein Arzt einfühlsam, ja zugewandt mitfühlend ist und dabei in Diagnose und Therapie recht pragmatisch abwägend. Das Traumbild unseres Hausarztes. Es geht aber auch anders und wird ebenso nötig gebraucht: der etwas kühle, eher zurückhaltende Spezialist mit ganz besonderen Fachkenntnissen, der sehr rational entscheiden kann und dessen Gefühle so weit im Hintergrund stehen, dass sie für uns als Patient kaum noch spürbar sind.

Wir brauchen, wenn es um komplizierte OPs geht, zum Beispiel einen solchen Chirurgen. Aber auch innerhalb der Medizinberufe sind – wie wir sicherlich alle wissen – recht unterschiedliche Charaktere denk- und vertretbar. Und auch nicht jeder Verkäufer ist (Gott sei Dank!) übersprudelnd (also klar extrovertiert), ebenso wie nicht jeder Versicherungsmathematiker introvertiert, theorielastig und absolut nur verstandesmäßig gepolt sein muss. Trotzdem werden wir wohl mehr von dieser Sorte antreffen als ganz anders veranlagte.

Uns geht es hier in dem vorliegenden Testteil um eine grobe, etwas vereinfachende Zuordnung von Basis-Persönlichkeitszügen zu typischen Berufsvertretern und -bildern. Verstehen Sie also bitte Ihr Ergebnis und die entsprechenden Hinweise als eine weitere Anregung, als Vorschläge, mal in diese oder jene Richtung zu denken und zu überlegen, ob Sie etwas für sich mit diesen Berufsbildern anfangen können, aber nicht als eine letztgültige Wahrheit. Denn die gibt es nicht, nicht nur nicht in diesem Buch, sondern nirgendwo.

Bitte schreiben Sie so ausführlich, wie es Ihnen möglich ist, das Ergebnis dieses Tests sowie Ihre persönliche Einschätzung dazu auf. Durch die schriftliche Auseinandersetzung werden Sie noch viel mehr an Hinweisen aus diesem Test für sich gewinnen können. Bitte glauben Sie uns: Es lohnt sich für Sie und Ihr Vorhaben.

Der nächste Test beschäftigt sich sehr deutlich mit Tätigkeiten. Sie werden immer wieder gefragt, wie ansprechend Sie sich diese oder jene Arbeitsaufgabe vorstellen können. Ihre Aufgabe ist die Bewertung unterschiedlicher Vorschläge.

Der Interessen-Intensitäts-Test (IIT)

Das Interesse ist auf der Erde
jener mächtige Zauberer,
der in den Augen aller Geschöpfe
die Gestalt der Gegenstände verwandelt.

Claude-Adrien Helvétius

Dieser Test gibt Ihnen Informationen über das Ausprägungsprofil in persönlich-beruflicher Hinsicht. Mehr darüber in der Auswertung.

Es werden Ihnen jeweils drei Aktivitäten/Tätigkeiten vorgestellt (übrigens durchaus nicht immer eindeutig beruflicher Art).

Entscheiden Sie bei jeder einzelnen, ob Sie persönlich diese Aktivität/Tätigkeit

- eindeutig oder überwiegend interessant finden (+),
- ob sie Sie mehr oder weniger gleichgültig lässt ( ) oder
- ob Sie sie eindeutig oder überwiegend uninteressant finden (–).

Sie haben also bei jeder einzelnen Aktivität/Tätigkeit die Wahl zwischen drei Bewertungen (bitte ankreuzen):

(+) ( ) (–)

1	a) nach eigenen Ideen selbst etwas handwerklich gestalten	(+)	( )	(–)
	b) bei handwerklichen Arbeiten mit Hand anlegen, helfen	(+)	( )	(–)
	c) nach konkreter Vorgabe/Anleitung etwas handwerklich ausführen	(+)	( )	(–)
2	a) Maschinen/technische Geräte reparieren	(+)	( )	(–)
	b) Maschinen/technische Geräte bauen/konstruieren	(+)	( )	(–)
	c) Maschinen/technische Geräte warten und pflegen	(+)	( )	(–)
3	a) Ferien auf dem Bauernhof verbringen	(+)	( )	(–)
	b) bei der Ernte mithelfen	(+)	( )	(–)
	c) Gemüse und Obst selbst anbauen	(+)	( )	(–)
4	a) essen gehen	(+)	( )	(–)
	b) neue Kochrezepte entwickeln	(+)	( )	(–)
	c) nach Rezept selber kochen	(+)	( )	(–)

5	a) beim Kauf auf umweltfreundliche Produkte achten	(+)	( )	(–)
	b) Interesse am Umweltschutz	(+)	( )	(–)
	c) sich bei Greenpeace engagieren	(+)	( )	(–)
6	a) abgestürzte Computerprogramme wieder flottmachen	(+)	( )	(–)
	b) neue Computerprogramme entwickeln	(+)	( )	(–)
	c) Computerprogramme auswählen und anwenden	(+)	( )	(–)
7	a) neue, vereinfachte Antragsformulare entwickeln	(+)	( )	(–)
	b) Antragsformulare erklären und ausgeben	(+)	( )	(–)
	c) über Anträge von Bürgern entscheiden	(+)	( )	(–)
8	a) interessante Zeitungen aufheben	(+)	( )	(–)
	b) Zeitungsausschnitte zu einem bestimmten Thema sammeln	(+)	( )	(–)
	c) ein eigenes Themenarchiv mit Zeitungsausschnitten aufbauen	(+)	( )	(–)
9	a) auf eine gewisse Ordnung achten	(+)	( )	(–)
	b) ein Büro organisieren/leiten	(+)	( )	(–)
	c) zu Hause alle Unterlagen immer ordentlich abheften	(+)	( )	(–)
10	a) Fernsehkrimis anschauen	(+)	( )	(–)
	b) als Kommissar arbeiten	(+)	( )	(–)
	c) Einsätze der Kriminalpolizei leiten und koordinieren	(+)	( )	(–)
11	a) neue Verkäufer schulen	(+)	( )	(–)
	b) Verkaufsangebote vergleichen	(+)	( )	(–)
	c) im Verkauf tätig sein	(+)	( )	(–)
12	a) Stadtbesichtigungen leiten	(+)	( )	(–)
	b) verschiedene Stadtbesichtigungsprogramme ausarbeiten	(+)	( )	(–)
	c) an einer Stadtbesichtigung teilnehmen	(+)	( )	(–)

13	a)	einen Werbefilm mit entwickeln	(+)	( )	(–)
	b)	bei TV-Werbung nicht gleich umschalten	(+)	( )	(–)
	c)	sich für neue Werbespots interessieren	(+)	( )	(–)
14	a)	sich über Vorteile des Internets informieren	(+)	( )	(–)
	b)	im Internet surfen	(+)	( )	(–)
	c)	einen Artikel oder ein Buch für Internet-User schreiben	(+)	( )	(–)
15	a)	Aktien kaufen und verkaufen	(+)	( )	(–)
	b)	die Entwicklung von Aktienkursen verfolgen	(+)	( )	(–)
	c)	Prognosen für die Entwicklung des Aktienmarktes erstellen	(+)	( )	(–)
16	a)	ein Zahlenwerk aufstellen	(+)	( )	(–)
	b)	komplexe Statistiken interpretieren	(+)	( )	(–)
	c)	nachrechnen/kontrollieren	(+)	( )	(–)
17	a)	Patienten im Krankenhaus betreuen	(+)	( )	(–)
	b)	in der medizinischen Forschung arbeiten	(+)	( )	(–)
	c)	Zeitungsartikel über medizinische Entwicklungen lesen	(+)	( )	(–)
18	a)	naturwissenschaftliche Experimente planen	(+)	( )	(–)
	b)	naturwissenschaftliche Artikel lesen	(+)	( )	(–)
	c)	naturwissenschaftliche Forschungsresultate diskutieren	(+)	( )	(–)
19	a)	philosophische Bücher lesen	(+)	( )	(–)
	b)	in einer Gruppe über den Sinn des Lebens diskutieren	(+)	( )	(–)
	c)	ein neues Ethik-Denkmodell entwickeln helfen	(+)	( )	(–)
20	a)	sich mit Bauplänen, -modellen und -vorschriften beschäftigen	(+)	( )	(–)
	b)	interessante Bauwerke besichtigen	(+)	( )	(–)
	c)	eigene architektonische Ideen entwickeln	(+)	( )	(–)

21	a)	in einer Arbeitsloseninitiative mitarbeiten	(+)	( )	(–)
	b)	eine Arbeitsloseninitiative finanziell unterstützen	(+)	( )	(–)
	c)	eine Arbeitsloseninitiative gründen	(+)	( )	(–)
22	a)	als Lehrer/-in oder Erzieher/-in arbeiten	(+)	( )	(–)
	b)	neue pädagogische Theorien entwickeln	(+)	( )	(–)
	c)	Erziehungstipps austauschen	(+)	( )	(–)
23	a)	Unterricht nehmen, etwas lernen	(+)	( )	(–)
	b)	Unterricht geben	(+)	( )	(–)
	c)	Unterrichtsmethoden entwickeln	(+)	( )	(–)
24	a)	bei einer Bürgerinitiative mitarbeiten	(+)	( )	(–)
	b)	über politische Probleme diskutieren	(+)	( )	(–)
	c)	mit anderen eine Bürgerinitiative gründen	(+)	( )	(–)
25	a)	als Psychotherapeut tätig sein	(+)	( )	(–)
	b)	die Zusammenhänge von Stress und körperlichen Erkrankungen erforschen	(+)	( )	(–)
	c)	sich über die Ursachen von seelischen Problemen Gedanken machen	(+)	( )	(–)
26	a)	Musikstücke komponieren	(+)	( )	(–)
	b)	Musik hören und genießen	(+)	( )	(–)
	c)	selbst Musik machen	(+)	( )	(–)
27	a)	fotografieren	(+)	( )	(–)
	b)	neue Techniken der Porträtfotografie entwickeln	(+)	( )	(–)
	c)	eine Fotoausstellung besuchen	(+)	( )	(–)
28	a)	Unterhaltungsliteratur oder Sachbücher lesen	(+)	( )	(–)
	b)	mit Freunden über Bücher diskutieren	(+)	( )	(–)
	c)	selbst »schriftstellern«/schreiben	(+)	( )	(–)

29	a) eine Fremdsprache lernen	(+)	( )	(–)
	b) im Auslandsurlaub Basissprachkenntnisse erwerben	(+)	( )	(–)
	c) in einer Fremdsprache Nachhilfe geben	(+)	( )	(–)

30	a) intensiv Zeitungen und Zeitschriftenartikel lesen	(+)	( )	(–)
	b) einen ausführlichen Leserbrief schreiben	(+)	( )	(–)
	c) in der Redaktionskonferenz neue Themenvorschläge vorstellen	(+)	( )	(–)

Auswertung

Der Test hat folgenden Hintergrund: Sie standen jeweils vor der Aufgabe, eine Tätigkeit für sich zu bewerten nach den Kriterien:

- für mich uninteressant
- teils/teils
- für mich interessant

Dabei wurden Ihnen Tätigkeiten vorgestellt, die

a) ein eher rezeptives, das heißt passiv-konsumierendes, ein aufnehmendes, sich noch in einer Lernphase befindendes Verhalten,
b) ein eher aktiv-engagiertes Tun oder Arrangieren, sehr am praktischen Umsetzen orientiertes Verhalten,
c) ein eher kreativ-gestalterisches Machen, etwas weiterentwickeln wollendes, teilweise schon sehr theoretisches Verhalten

darstellen.

Im folgenden Auswertungsschema haben wir die Fragen in sechs verschiedene Blöcke (Bereiche) gegliedert. Tragen Sie bitte für jede

- zustimmende Ankreuzung (+) +1 ein
- teils/teils-Ankreuzung ( ) 0 ein
- ablehnende Ankreuzung (–) –1 ein

und addieren beziehungsweise subtrahieren Sie zunächst zeilenweise, dann später die Zeilenergebnisse eines Blockes (Bereiches) untereinander. Pro Zeile wären als Extremwerte –3 bis +3 möglich. Pro Block wäre also rechnerisch ein Ergebnis von –15 bis +15 Punkten möglich.

Nun zum zweiten Teil der Auswertung.

Je nachdem, ob Sie eine –1, 0 oder +1 hinter jedem Buchstaben in der Zeile stehen haben, bekommen Sie für die Spalten passiv, aktiv, kreativ zusätzlich einen Punktwert (Zusatzpunkt).

- für –1 = 0
- für 0 = 1
- für +1 = 2

Pro Passiv/Aktiv/Kreativ-Spalte und -Block (-Bereich) können Sie einen Punktwert zwischen 0 und 10 erhalten, wenn Sie das Spaltenergebnis addieren.

		eher passiv	Zusatzpunkt	**eher aktiv**	Zusatzpunkt	**eher kreativ**	Zusatzpunkt	
Bereich *Handwerk und Technik*	**1**	b ☐	☐	c ☐	☐	a ☐	☐	= ☐
	2	c ☐	☐	a ☐	☐	b ☐	☐	= ☐
	3	a ☐	☐	b ☐	☐	c ☐	☐	= ☐
	4	a ☐	☐	c ☐	☐	b ☐	☐	= ☐
	5	b ☐	☐	a ☐	☐	c ☐	☐	= ☐
		☐	☐	☐	☐	☐	☐	= ☐

Bereich *Büro und Verwaltung*		**eher passiv**	Zusatz-punkt	**eher aktiv**	Zusatz-punkt	**eher kreativ**	Zusatz-punkt	
	6	c ☐	☐	a ☐	☐	b ☐	☐	= ☐
	7	b ☐	☐	c ☐	☐	a ☐	☐	= ☐
	8	a ☐	☐	b ☐	☐	c ☐	☐	= ☐
	9	a ☐	☐	c ☐	☐	b ☐	☐	= ☐
	10	a ☐	☐	b ☐	☐	c ☐	☐	= ☐
		☐	☐	☐	☐	☐	☐	= ☐

Bereich *Handel und Wirtschaft*		**eher passiv**	Zusatz-punkt	**eher aktiv**	Zusatz-punkt	**eher kreativ**	Zusatz-punkt	
	11	b ☐	☐	c ☐	☐	a ☐	☐	= ☐
	12	c ☐	☐	a ☐	☐	b ☐	☐	= ☐
	13	b ☐	☐	c ☐	☐	a ☐	☐	= ☐
	14	a ☐	☐	b ☐	☐	c ☐	☐	= ☐
	15	b ☐	☐	a ☐	☐	c ☐	☐	= ☐
		☐	☐	☐	☐	☐	☐	= ☐

Bereich *Wissenschaft und Forschung*		**eher passiv**	Zusatz-punkt	**eher aktiv**	Zusatz-punkt	**eher kreativ**	Zusatz-punkt	
	16	c ☐	☐	a ☐	☐	b ☐	☐	= ☐
	17	c ☐	☐	a ☐	☐	b ☐	☐	= ☐
	18	b ☐	☐	c ☐	☐	a ☐	☐	= ☐
	19	a ☐	☐	b ☐	☐	c ☐	☐	= ☐
	20	b ☐	☐	a ☐	☐	c ☐	☐	= ☐
		☐	☐	☐	☐	☐	☐	= ☐

		eher passiv	Zusatzpunkt	**eher aktiv**	Zusatzpunkt	**eher kreativ**	Zusatzpunkt	
Bereich *Soziales und Erziehung*	**21**	b ☐	☐	a ☐	☐	c ☐	☐	= ☐
	22	c ☐	☐	a ☐	☐	b ☐	☐	= ☐
	23	a ☐	☐	b ☐	☐	c ☐	☐	= ☐
	24	b ☐	☐	a ☐	☐	c ☐	☐	= ☐
	25	c ☐	☐	a ☐	☐	b ☐	☐	= ☐
		☐	☐	☐	☐	☐	☐	= ☐

		eher passiv	Zusatzpunkt	**eher aktiv**	Zusatzpunkt	**eher kreativ**	Zusatzpunkt	
Bereich *Kunst und Sprache*	**26**	b ☐	☐	c ☐	☐	a ☐	☐	= ☐
	27	c ☐	☐	a ☐	☐	b ☐	☐	= ☐
	28	a ☐	☐	b ☐	☐	c ☐	☐	= ☐
	29	b ☐	☐	a ☐	☐	c ☐	☐	= ☐
	30	a ☐	☐	b ☐	☐	c ☐	☐	= ☐
		☐	☐	☐	☐	☐	☐	= ☐

Werten Sie auch das Gesamtergebnis der jeweiligen Spalten passiv/aktiv/kreativ über alle sechs Bereiche aus.

Interpretation

Sie erhalten mit diesem Test eine Aussage über zwei berufsrelevante Trends.

Zum einen finden Sie Hinweise darüber, welchen Arbeitsbereich, welches Berufsfeld Sie bevorzugen, zum anderen bekommen Sie Informationen, welche Handlungs- und Verantwortungsebene für Sie die angenehmste ist.

Pro *Arbeitsbereich/Berufsfeld* sind maximal –15 bis +15 Punkte zu erzielen.

Betrachtet man die Punkteverteilung, erhält man Auskunft über den Arbeitsbereich/das Berufsfeld, für das Sie ein stärkeres Interesse, eine deutlich höhere Affinität zeigen (höhere Pluswerte ab +6) oder natürlich auch angezeigt durch Minuswerte ab –6 ein klares Desinteresse, Abneigung spüren.

Gleichzeitig finden Sie aber auch hilfreiche Hinweise auf die Handlungs- und Verantwortungsebene, auf der Sie sich die berufliche Tätigkeit am ehesten wünschen.

Wichtiger in Ihrer Aussage sind dabei die Ebenen *aktiv* und *kreativ.*

Aber auch ein Blick in voller Spaltenlänge über alle sechs Arbeitsbereiche/Berufsfelder hinweg kann einen wertvollen Hinweis geben auf eine berufliche Handlungs- und Verantwortungsebene, die man generell favorisiert.

	Handwerk/ Technik	Büro/ Verwaltung	Handel/ Wirtschaft	Wissenschaft/ Forschung	Soziales/ Erziehung	Kunst/ Sprache
+15						
+14						
+13						
+12						
+11						
+10						
+ 9						
+ 8						
+ 7						
+ 6						
+ 5						
+ 4						
+ 3						
+ 2						
+ 1						
0						
−1						
−2						
−3						
−4						
−5						
−6						
−7						
−8						
−9						
−10						
−11						
−12						
−13						
−14						
−15						

Auswertung/Interpretation der Punktwerte

- +11 bis +15 ▸ absolut superinteressant
- +7 bis +10 ▸ sehr klar und deutlich interessant
- +3 bis +6 ▸ schon recht interessant
- –2 bis +2 ▸ im neutralen Bereich mit gewisser Minus- oder Plus-Tendenz
- –6 bis –3 ▸ einfach uninteressant
- –10 bis –7 ▸ immer noch sehr klar und deutlich uninteressant
- –15 bis –11 ▸ absolut und total uninteressant

Null und weniger Punkte zeigen eine deutliche Gleichgültigkeit bis Abneigung gegenüber diesem Arbeitsbereich an. 3 bis 6 Punkte zeigen ein schwaches bis leichtes Interesse, 7 bis 10 ein deutliches Interesse und ab 11 bis 15 Punkten ist ein starkes bis wirklich sehr starkes Interesse vorhanden.

Der Ergebnisbereich unterhalb –3 ist weniger interessant zur Interpretation.

Zweiter Interpretationsansatz

Für die Handlungs- und Verantwortungsebene (passiv/aktiv/kreativ) sind die Spaltenwerte zu berücksichtigen.

Pro Arbeitsbereich sind 10 Punkte die maximale Ausprägung in jeder Spalte.

- 0 bis 1 ▸ keine Ausprägung
- 2 bis 3 ▸ sehr geringe Ausprägung
- 4 bis 5 ▸ deutliche Ausprägung
- 6 bis 7 ▸ starke Ausprägung
- 8 bis 9 ▸ sehr starke Ausprägung
- 10 ▸ wirklich absolut starke Ausprägung

Interessant ist die Spalteninterpretation in dem Arbeitsbereich/Berufsfeld, in dem die höchste und zweithöchste Punktzahl (zusammengefasste Zeilenergebnisse) erreicht wurden.

Ebenfalls sehr aufschlussreich ist auch das Gesamtergebnis über alle sechs Spaltenbereiche.

Bei maximal 60 Punkten ist eine schon deutliche Ausprägung ab 30 Punkten erreicht. Ab 40 Punkten besteht eine starke Ausprägung, ab 50 Punkten eine wirklich sehr starke Ausprägung.

0 bis 10 ▶ keine Ausprägung
11 bis 20 ▶ sehr geringe bis deutliche Ausprägung
21 bis 30 ▶ deutliche bis sehr klare Ausprägung
31 bis 40 ▶ sehr klare bis starke Ausprägung
41 bis 50 ▶ starke bis sehr starke Ausprägung
51 bis 60 ▶ sehr starke bis absolut außergewöhnlich starke Ausprägung

Interessant ist der Vergleich der drei Handlungs- und Verantwortungsebenen nebeneinander, ebenso wie der Vergleich der beiden hinsichtlich der Punktzahlen am stärksten entwickelten Arbeitsbereiche in Relation zu den beiden am geringsten ausgeprägten.

Und auch hier gilt wieder: Schreiben Sie so ausführlich wie möglich das Ergebnis dieses Tests sowie Ihre persönliche Einschätzung dazu auf. Durch die schriftliche Auseinandersetzung werden Sie noch viel mehr an Hinweisen aus diesem Test für sich gewinnen können. Vielleicht haben Sie es schon herausgefunden: Dieser Aufwand lohnt sich für Sie.

Wie passen die Ergebnisse aus dem PAT und dem IIT zusammen? Welche Gedanken, Assoziationen kommen Ihnen? Sehen Sie einen klaren Zusammenhang oder scheinen sich die beiden Ergebnisse zu widersprechen?

Um hier voranzukommen, ist es hilfreich, jeweils das (objektive) Testergebnis sowie Ihre Meinung, Ihre Ideen dazu aufgeschrieben zu haben und jetzt die beiden Ergebnisse miteinander schriftlich zu vergleichen und zu bewerten.

Im nächsten Test geht es um Ihre Wechselbereitschaft, Ihren Leidensdruck, um Ihren Mut zur Veränderung, was Ihr Arbeitsleben anbetrifft.

Der Wechsel-Motivations-Test (WMT)

Nichts ist ewig;
weder in der Natur
noch im Menschenleben.
Ewig ist nur der Wechsel,
die Veränderung.

August Bebel

Testen Sie sich selbst: Zeit zum Wechseln oder nicht? Sind Sie zufrieden an Ihrem jetzigen Arbeitsplatz? Wahrscheinlich nicht, sonst würden Sie nicht über einen Wechsel nachdenken. Aber wie groß ist das Ausmaß Ihrer Unzufriedenheit? Ist da noch was zu kitten, handelt es sich eher um ein vorübergehendes Phänomen oder ist es höchste Zeit, sich ernsthaft über Alternativen – in einer anderen Abteilung oder gar einem anderen Unternehmen – Gedanken zu machen?

Testabschnitt A

Bitte kreuzen Sie jeweils mindestens eine, jedoch nicht mehr als drei Aussagen/Antwortmöglichkeiten an, die auf Sie und Ihre Situation zutreffen.

1. Glauben Sie, dass Sie Ihre Fähigkeiten an Ihrem Arbeitsplatz einsetzen können?

A	Na ja, so ungefähr fifty-fifty.	☐
B	Kaum.	☐
C	Zum größten Teil schon, aber nicht immer.	☐
D	Ich kann sie gut zur Geltung bringen.	☐
E	Wie bitte? Nach Meinung meines Chefs habe ich gar keine.	☐
F	Meine wirklichen Fähigkeiten kommen hier nicht richtig zur Geltung.	☐

2. Werden Ihre Leistungen von Ihrem Chef anerkannt?

A	Mein Chef interessiert sich nicht für das, was ich tue.	☐
B	Leider eher selten.	☐
C	Ja, eigentlich meistens.	☐
D	Nein. Ihm fallen immer nur die Fehler auf.	☐
E	Nur wenn er guter Laune ist.	☐
F	Mein Vorgesetzter zieht mich sogar bisweilen zu Rate.	☐

3. Wie klappt es mit den täglichen Abläufen in Ihrem Team?

A Auch wenn's hoch hergeht, zieht das Team an einem Strang. ☐
B Das eine oder andere ist verbesserungswürdig. ☐
C Ich kann mich nicht beklagen, wir haben unsere Termine im Griff. ☐
D Wir bräuchten endlich jemanden, der diesen Chaosladen mal umorganisiert. ☐
E Was heißt klappen? Hier macht jeder, was er will. ☐
F Wir sind ein tolles Team, das aber auch Fehler macht. ☐

4. Was denken Sie über Ihren Arbeitsplatz?

A Der Raum bräuchte endlich mal eine Totalrenovierung plus neue Möbel. ☐
B Geschmacklosigkeit und Desorganisation feiern hier Triumphe. ☐
C Ich glaube, normale Menschen würden wohl durch eine solch unfreundliche Umgebung in ihrer Leistungsfähigkeit stark beeinträchtigt. ☐
D Mir fallen zuallererst meine schönen Topfpflanzen und die Urlaubspostkarten der Kollegen ein. ☐
E Ich finde nicht, dass er gut organisiert ist. ☐
F Ich denke sehr gern an meinen bequemen Schreibtischsessel. ☐

5. Wenn ich an meine Kollegen denke, ...

A ... meine ich, dass es solche und solche gibt. ☐
B ... geht mir das nette Plaudern in der Mittagspause durch den Kopf. ☐
C ... bin ich bei einigen von ihnen sofort ziemlich gereizt. ☐
D ... bin ich froh, dass ich das nicht so oft tun muss. ☐
E ... sehe ich sie als eine Schar von Wölfen und Schafen vor mir. ☐
F ... könnte ich mir vorstellen, mit einigen auch in der Freizeit etwas zu unternehmen. ☐

6. Wie charakterisieren Sie Ihren Chef?

A Er ist im Großen und Ganzen in Ordnung. ☐
B Er ist launisch, lässt mich aber meist in Ruhe. ☐
C Er ist tyrannisch. ☐
D Man kann gut mit ihm auskommen. ☐
E Speziell seine Inkompetenz und Ignoranz machen allen sehr zu schaffen. ☐
F Mein Chef ist mir egal. ☐

7. Wie lange brauchen Sie nach der Arbeit, um sich zu erholen?

A Mal mehr, mal weniger – ist aber eigentlich nicht der Rede wert. ☐
B Häufig etwas über eine Stunde. ☐
C Jedenfalls länger, als mir lieb ist. ☐
D Ich bin abends oft sehr erschöpft. ☐
E Das geht innerhalb kurzer Zeit. ☐
F Von dieser Arbeit erhole ich mich gar nicht mehr. ☐

8. Entspricht Ihr Gehalt Ihrem Einsatz?

A Im Prinzip ja, aber ich könnte auch noch etwas mehr vertragen. ☐
B Gerechtigkeit ist nicht von dieser Welt. ☐
C Ich bin mir nicht sicher. ☐
D Ich kann mich nicht beklagen, trotzdem ... ☐
E Ich bin ein typischer Fall von »overworked and underpaid«. ☐
F Ich weiß nicht, ich kann den Wert meiner Arbeit nicht einschätzen. ☐

9. Wenn ich erzähle, wo und was ich arbeite, ...

A ... langweile ich die einen und bemitleiden mich die anderen. ☐
B ... werde ich immer ganz verlegen. ☐
C ... beneiden mich eine Menge Leute. ☐
D ... gibt es selten Nachfragen. ☐
E ... scheinen die meisten Leute kein besonderes Interesse daran zu haben. ☐
F ... zeigen sich die Leute häufig interessiert. ☐

10. Was fällt Ihnen zu dem Thema Arbeitszeit ein?

A Ich kann mir meine Arbeitszeiten relativ frei und flexibel einteilen. ☐
B Leider lässt der Chef mit sich darüber überhaupt nicht verhandeln. ☐
C Meine Arbeitszeiten sind nicht schlechter oder besser als anderswo auch. ☐
D Die meisten Leute haben viel ungünstigere Arbeitszeiten als ich. ☐
E Meine Arbeitszeiten passen mir ganz und gar nicht. ☐
F Ich wünschte mir, ich könnte morgens länger schlafen. ☐

11. Wenn jemand mich nach meinem Beruf fragt, ...

A	... antworte ich möglichst kurz und wenig detailliert.	☐
B	... fange ich sofort an, meinen Ärger loszuwerden.	☐
C	... berichte ich mit gewissem Stolz über das, was ich mache.	☐
D	... finde ich es blöd, mich auch noch in der Freizeit mit dem Thema auseinanderzusetzen.	☐
E	... erzähle ich etwas und stelle die Gegenfrage: »Und was machen Sie?«	☐
F	... möchte ich lieber das Thema wechseln.	☐

12. Wie stehen Ihre Kollegen zu Ihnen?

A	Ich bin mir da absolut nicht sicher.	☐
B	Ich glaube, die meisten mögen mich.	☐
C	Offensichtlich bin ich nicht dazu da, um ihnen zu gefallen.	☐
D	Manchmal wird heiß diskutiert, aber die Atmosphäre ist super.	☐
E	Im Notfall hoffe ich, mich auf sie verlassen zu können.	☐
F	Streiten verbindet, Ärger kann es schließlich überall geben.	☐

Testauflösung A:

Frage	A	B	C	D	E	F
1	▲▲	▲▲▲			▲▲▲▲	▲▲
2	■■■■	■■		■■■■	■■	
3		◆◆		◆◆◆◆	◆◆◆◆	◆◆
4	◆◆	◆◆◆◆	◆◆◆◆		◆◆	
5	●●		●●●●	●●	●●●●	
6		●●	●●●●		●●●●	●●
7		▲▲	▲▲	▲▲▲▲		▲▲▲▲
8		■■■■	■■		■■■■	■■
9	■■■■	■■■■		■■	■■	
10		●●●●	●●		●●●●	●●
11	▲▲	▲▲▲▲		▲▲▲▲		▲▲
12	●●●●		●●●●		●●	●●

Testabschnitt B

Ergänzen Sie die Satzanfänge. Hier darf jedoch nur ein Ergänzungsvorschlag (A–D) angekreuzt werden.

1. Eigentlich bräuchte ich noch ...

A	... einen Nebenjob, um meine knappe Haushaltskasse aufzufüllen.	☐
B	... eine spezielle Fortbildung, um interessante Aufgaben zugeteilt zu bekommen.	☐
C	... eine etwas freundlichere Umgebung an meinem Arbeitsplatz.	☐
D	... ein paar nettere Kollegen, damit mir die Arbeit mehr Spaß macht.	☐

2. Es wäre schön, wenn ...

A	... unser Betriebsklima etwas besser wäre.	☐
B	... ich endlich einen eigenen, ungestörten Arbeitsplatz hätte.	☐
C	... man mir interessantere Aufgaben zuteilen würde.	☐
D	... ich endlich mehr Anerkennung oder eine Gehaltserhöhung bekäme.	☐

3. Wenn ich einen Wunsch frei hätte, dann ...

A	... würde ich mir eine andere Arbeit wünschen.	☐
B	... würde ich meinen Boss zum Teufel schicken.	☐
C	... würde ich gern meine Leistungen vom Chef und den Kollegen mehr geschätzt sehen.	☐
D	... würde ich endlich einen (besseren) PC und eine moderne Einrichtung für meinen Arbeitsplatz haben wollen.	☐

4. Ich habe schon lange ...

A	... von flexibleren Arbeitszeiten geträumt.	☐
B	... kein Lob mehr gehört.	☐
C	... nicht mehr mit meinen Kollegen gelacht.	☐
D	... nicht mehr mit gutem Gefühl an meine Arbeit gedacht.	☐

Testauflösung B:

Frage	A	B	C	D
1	■	▲	◆	●
2	●	◆	▲	■
3	▲	●	■	◆
4	◆	■	●	▲

Testabschnitt C

Die Aussagen sind mit richtig (R) oder falsch (F) zu beantworten. Auch wenn Sie Probleme haben, sich zu entscheiden – probieren Sie es trotzdem. Wenn gar nichts auf Sie zutrifft, lassen Sie einfach eine Frage aus.

Bezogen auf meine aktuelle Arbeit und das Umfeld fühle ich mich eher ...

	R	F
1. ... unterbezahlt als eingeengt.	☐	☐
2. ... von allen im Stich gelassen als eingeengt.	☐	☐
3. ... eingeengt als überfordert.	☐	☐
4. ... unterbezahlt als von allen im Stich gelassen.	☐	☐
5. ... unterfordert als unterbezahlt.	☐	☐
6. ... unterfordert als von allen im Stich gelassen.	☐	☐

Bezogen auf meine aktuelle Arbeit und das Umfeld ist mir wichtiger:

	R	F
7. die Menschen am Arbeitsplatz als das organisatorische Drumherum.	☐	☐
8. die Bezahlung als das organisatorische Drumherum.	☐	☐
9. das organisatorische Drumherum als die Arbeitsaufgaben.	☐	☐
10. die Menschen am Arbeitsplatz als die Bezahlung.	☐	☐
11. die Arbeitsaufgaben als die Bezahlung.	☐	☐
12. die Arbeitsaufgaben als die Menschen am Arbeitsplatz.	☐	☐

Fehlerteufel

Was steckt wirklich in mir? (ISBN: 978-3-86668-411-9; Best.-Nr.: E10407)

Trotz sorgfältiger Bearbeitung hat sich der Fehlerteufel eingeschlichen. Auf S. 233 finden Sie die Testtauflösung C für die Fragen 1 bis 9. Die Testauflösung für alle Fragen (inkl. der Fragen 10 bis 18, die auf S. 233 direkt neben der Testauflösung für die Fragen 1 bis 10 stehen sollte) finden Sie hier:

Testauflösung C:

Frage	richtig	falsch
1	■	◆
2	●	◆
3	◆	▲
4	■	●
5	▲	■
6	▲	●
7	●	◆
8	■	◆
9	◆	▲
10	●	◆
11	●	◆
12	◆	●
13	■	●
14	▲	■
15	▲	●
16	●	◆
17	■	◆
18	◆	▲

Wir bitten Sie, unseren Fehler zu entschuldigen und wünschen Ihnen viel Freude mit dem Titel „Was steckt wirklich in mir?“.

Ihr Team vom **STARK**-Verlag

Bezogen auf meine aktuelle Arbeit und das Umfeld leide ich eher unter ...

	R	F
13. ... Langeweile als unter Nichtanerkennung.	☐	☐
14. ... Unbehagen als unter Nichtanerkennung.	☐	☐
15. ... Genervtsein als unter Unbehagen.	☐	☐
16. ... Nichtanerkennung als unter Genervtsein.	☐	☐
17. ... Langeweile als unter Genervtsein.	☐	☐
18. ... Unbehagen als unter Langeweile.	☐	☐

Testauflösung C:

Frage	richtig	falsch
1	■	◆
2	●	◆
3	◆	▲
4	■	●
5	▲	■
6	▲	●
7	●	◆
8	■	◆
9	◆	▲

Auswertung: Zufrieden oder nicht – das war hier die Frage.

Zählen Sie die Summe sämtlicher Symbole, die Sie angekreuzt haben, aus allen drei Testabschnitten zusammen. Wenn Sie weniger als 55 Symbole angekreuzt haben, ist alles im Lot. Bis 89 Symbole ist vorwiegend »gutes Wetter« angesagt. Bis 123 Symbole halten sich Lust und Frust die Waage. Bei allem, was darüberliegt: Höchste Zeit, etwas für mehr Spaß am Job zu tun beziehungsweise ernsthaft die Möglichkeit eines Wechsels zu bedenken.

Woran liegt's? Die vier Symbole stehen für die Bereiche Arbeit, Geld, Kollegen, Organisation. Abschnitt A zeigt, wo sich der Ärger staut, B sagt Ihnen, in welchem Bereich er am größten ist, und C, worauf es Ihnen im Job am meisten ankommt. Schauen Sie jetzt noch einmal, welche Symbole am häufigsten vorkommen.

▲ Sie fühlen sich in Ihrem Job unterfordert, meinen, dass man Ihnen nichts zutraut und dass Sie vor lauter Routinearbeit gar nicht zeigen können, was in Ihnen steckt. Höchste Zeit, was zu ändern: Reden Sie mit Ihrem Chef, machen Sie deutlich, was wirklich in Ihnen steckt, bitten Sie ihn darum, Ihnen mehr Verantwortung zu übertragen – und überzeugen Sie ihn, dass es richtig war, auf Sie zu setzen.

■ Sie leiden darunter, dass Ihre Arbeit zu wenig honoriert wird. Lob ist ein Fremdwort für Sie. Bei Gehaltserhöhungen fühlen Sie sich regelmäßig übergangen. Wahrscheinlich halten Sie sich bescheiden im Hintergrund und warten darauf, dass Ihr Chef Ihren Einsatz irgendwann bemerkt. Falsch! Trauen Sie sich, verkaufen Sie sich nicht unter Wert, stellen Sie Forderungen.

● Bei Ihnen sind Chef und/oder Kollegen der Stein des Anstoßes. Die Chemie stimmt nicht – im schlimmsten Fall artet das in Dauerterror aus. Hier heißt's handeln: Bringen Sie Ihren Ärger den

Kollegen/dem Vorgesetzten gegenüber auf den Punkt, sagen Sie, was Sie stört. Aufgepasst bei einem neuen Job: Prüfen Sie rechtzeitig, ob Vorgesetzte und Mitarbeiter Ihnen liegen.

- Was Sie nervt, ist das organisatorische Drumherum an Ihrem Arbeitsplatz. Sie sind unzufrieden mit der Büroausstattung und der Arbeitszeit, glauben, dass die Abläufe effektiver gestaltet werden könnten. Worauf warten Sie noch? Machen Sie Ihrem Chef konstruktive Vorschläge. Den einen oder anderen Gedanken wird er sicher aufgreifen. Schließlich ist es auch in seinem Sinn, dass die Arbeitsorganisation in seiner Abteilung optimiert wird.

Und auch hier lohnt es, sich wieder durch eine schriftliche Zusammenfassung des Testergebnisses und Ihrer Einschätzung mit der Materie noch einmal sehr intensiv auseinanderzusetzen. Sie werden es sicherlich schon bemerkt haben. Dieser Vorgang ist zwar mit Arbeit verbunden und Sie müssen sich sicherlich etwas dazu überwinden, das Ergebnis jedoch hat eine ganz andere Qualität.

Drei Testergebnisse liegen Ihnen zusätzlich zu dem bisher erarbeiteten Fragen- und Antwortenmaterial vor. Sie haben einen Hinweis, in welche berufliche Richtung Ihre Persönlichkeitsmerkmale deuten, Sie haben sehr konkret ein berufliches Interessengebiet aufgezeigt bekommen inklusive der Hierarchieebene, die Sie dabei anstreben, und Sie wissen jetzt, wie es um Ihren Mut und Ihre Jobwechselbereitschaft steht. Zusätzlich hatten Sie sich schon davor sehr intensiv mit Ihren Charaktermerkmalen und Eigenschaften auseinandergesetzt, Ihre Kompetenzschwerpunkte identifiziert und sich mit Ihren Wünschen, aber auch realen Möglichkeiten beschäftigt. Viele Mosaiksteine haben Sie erhalten, um sich daraus ein Bild zusammenzusetzen und sich eine Vorstellung zu machen, was Sie beruflich noch anstreben, noch alles verwirklichen können.

Aber noch sind wir nicht am Ende. Was Sie bei der Zielfindung berücksichtigen sollten, wie Sie geschickt Marketing in eigener Sache betreiben und andere von sich überzeugen – diese Themen sind jetzt Gegenstand der Betrachtung.

Ihr Ziel: Mit Ihrem Potenzial die richtigen Aufgaben und den bestmöglichen Arbeitsplatz auswählen

In der Spannung
zwischen Ziel und Wirklichkeit
entdecken wir den Sinn unseres Lebens
und unsere erste Aufgabe.

Hans Günther Adler

Eine intensive mentale Auseinandersetzung, eine konsequent fleißige und mutige Durchführung und eine gute Portion Zeit und Geduld sind die wesentlichen Grundlagen für Ihren Erfolg bei der Entdeckung Ihrer Potenziale. Sie haben sich vor allem mit sich selbst, mit Ihren Fähigkeiten, Interessen und Neigungen sowie mit Ihren Wünschen beschäftigt und so Mosaikstein für Mosaikstein zusammengetragen. Nun verfügen Sie hoffentlich über ein klares Bild.

Von ganz entscheidender Bedeutung war und ist Ihr Bewusstsein, Ihre gesamte psychische Einstellung zu Ihrem Vorhaben, etwas in sich entdecken zu wollen, um daraus ein neues Berufsziel zu entwickeln. Denn ohne eigenes berufliches Ziel müssen Sie sich damit begnügen, von anderen in Positionen hineingeschubst zu werden, die sonst vielleicht nicht zu besetzen sind. Oder Sie werden »gefangen genommen« in einer Aufgabe, weil sich sonst kein anderer findet oder es schlicht so bequemer ist.

Wer beruflich zu neuen Ufern aufbrechen will, der sollte die Initiative ergreifen und dabei nicht zu vorsichtig agieren oder kleinkariert denken. Mut gehört zur Veränderung und vermutlich lassen sich nicht alle beruflichen Pläne realisieren. Aber versuchen Sie, so nah wie möglich an Ihr Ziel heranzukommen. Wobei die Jobsuche genauso abläuft wie jede andere Suche auch: Sie kann nur funktionieren, wenn Sie wissen, was Sie suchen. Schließlich robben Sie auch nicht stundenlang übers Parkett, weil es Ihnen Spaß macht, sondern nur, weil dort irgendwo der verlorene Diamant aus Ihrem Ring liegen muss. Mit anderen Worten: Wer weiß, was er sucht, ist ganz anders motiviert.

Was Sie bei der Zielfindung bedenken sollten

Wenn Sie erst einmal wissen, was Sie suchen und erreichen wollen, gilt es, einen Zeitplan aufzustellen. Entscheiden Sie sich aber bitte nicht fürs Schneckentempo. Ihr Ziel sollte realistisch, aber auch ehrgeizig sein. Dass jemand aus Versehen und unbeabsichtigt eine Traumkarriere macht, ist bisher noch nicht vorgekommen – Ausnahme im Hollywoodkino.

Wichtig ist, dass bei Ihrem Tun Fortschritte zu erkennen sind. Es ist natürlich auch eine Frage des Temperaments und des Selbstvertrauens, mit welcher Geschwindigkeit Sie an Dinge, an wichtige, aber auch schwierige Vorhaben herangehen. Der eine sprintet los, während dem Nächsten wohler dabei ist, wenn er jeden Schritt vorher genau überlegt, plant und sich genügend Zeit lässt, alles noch mal zu bedenken.

Bei aller Liebe zur beruflichen Selbstverwirklichung darf man natürlich den Bezug zur Realität nicht verlieren. Sollten Sie beschließen, dass Sie am liebsten vom Aussterben bedrohte australische Kängurus für biologische Fachzeitschriften fotografieren wollen, dann werden Sie damit nicht gleich Ihren Lebensunterhalt verdienen können. Zumindest für den Anfang bietet es sich daher an, zweigleisig zu fahren: ein Job, der Sie finanziell absichert, und eine andere Tätigkeit, die Ihren Wünschen und Neigungen entspricht. Natürlich ist das eine doppelte Belastung, die Sie aber gerne in Kauf nehmen werden, weil Sie endlich zumindest teilweise etwas tun können, was Ihnen wirklich Spaß macht.

Wenn Sie erst einmal halbwegs erfolgreich in Ihrem Wunschberufsfeld sind, werden Sie vielleicht den weniger geliebten Job aufgeben können. Wobei dies natürlich nur eine von vielen Möglichkeiten ist, in Ihren Wunschberuf einzusteigen. Wenn Ihr Traumjob weniger ausgefallen ist und gute Verdienstmöglichkeiten bietet, können Sie eher auf Umwege verzichten. Und wer finanziell unabhängig ist, wird sich von Anfang an voll auf den Job konzentrieren, der ihm wirklich Spaß macht.

Die entscheidenden Schritte zu Ihrem Ziel

Am besten überprüfen Sie mithilfe der folgenden Checkliste, ob Sie voll und ganz hinter Ihrem Ziel stehen und inwieweit es für Sie wirklich realisierbar ist. Denn: Wenn das Ziel nicht stimmt, helfen Ihnen auch die raffiniertesten Tricks nicht richtig weiter.

1. Formulieren Sie ein eindeutiges Ziel. Sagen Sie also nicht: »Ich möchte aufsteigen«, sondern zum Beispiel: »Ich will im Unternehmen X bleiben und Leiter der Abteilung Y werden.«

2. Fragen Sie sich, was hinter Ihrem Ziel steckt. Möchten Sie Abteilungsleiter werden, weil Sie gerne mehr Verantwortung hätten oder weil Sie mehr Geld brauchen? Denken Sie auch über Alternativen nach: Entscheidungen kann man auch an anderer Stelle im Unternehmen treffen und Gehaltserhöhungen müssen nicht immer an Beförderungen gekoppelt sein.

3. Überlegen Sie, wie Sie erkennen wollen, dass Sie Ihr Ziel erreicht haben. Auf diese Weise überprüfen Sie, ob Ihr Ziel wirklich klar formuliert ist.

4. Konkretisieren Sie Ihr Ziel. Verlangen Sie nicht einfach: »Ich möchte zufriedener sein mit meiner Arbeit«, sondern machen Sie sich Gedanken, wie Sie das erreichen wollen, wie Sie den Grad von Zufriedenheit für sich ganz persönlich definieren. Hier ein Beispiel: »Ich will glücklicher in meinem Job werden, indem ich mich nicht mehr an langweilige Routineaufgaben klammere und dadurch mehr Zeit für die Planung, die spannendere Ausarbeitung konzeptioneller Ideen gewinne.«

5. Legen Sie fest, wann Sie Ihr Ziel erreicht haben wollen, und begründen Sie diesen Zeitpunkt. Das kann so aussehen: »Ich möchte

in einem Jahr die Beförderung geschafft haben, weil meine Frau dann nur noch halbtags arbeiten wird.«

6. Denken Sie darüber nach, für wen Sie das Ziel erreichen wollen. Wenn es nicht für Sie selbst ist, für wen dann? Welche Gründe gibt es dafür, dass Sie sich an den Maßstäben anderer orientieren? Lohnt sich die Anstrengung, nur um Ihren Mitmenschen zu gefallen? Wie wird man in Ihrer Umgebung reagieren, wenn der Erfolg eingetreten ist?

7. Überprüfen Sie, ob sich Ihr berufliches Ziel mit Ihren privaten Interessen und Vorstellungen vereinbaren lässt. Wenn Sie zum Beispiel Abteilungsleiter werden wollen, aber gleichzeitig mehr Zeit mit Ihrer Familie verbringen möchten, sollten Sie sich fragen, wie das funktionieren kann. Falls Sie feststellen, dass es sehr wahrscheinlich zu Zielkonflikten kommt, sollten Sie sich für ein Ziel entscheiden und sich ausschließlich darauf konzentrieren.

8. Finden Sie heraus, welche inneren Zwänge Sie am Erreichen Ihres Zieles hindern könnten.

9. Überlegen Sie, ob und von welcher Seite Sie mit Unterstützung für Ihre Anstrengungen rechnen können.

10. Prüfen Sie, wie realistisch Ihr Ziel ist. Gerade über diesen Punkt sollten Sie mit anderen reden. Auf diese Weise bekommen Sie Tipps, wie Sie die Sache am besten anpacken oder welche Ziele Sie alternativ ansteuern könnten.

11. Berücksichtigen Sie Ihre Empfindungen. Wie fühlen Sie sich, wenn Sie an die Realisierung Ihres Plans in der Praxis denken? Überlegen Sie, wen Sie um Unterstützung bitten wollen.

12. Fragen Sie sich, mit welchen Schwierigkeiten Sie auf dem Weg zu Ihrem Ziel rechnen müssen. Typische Hindernisse sind zum Beispiel:

    - die allgemeine wirtschaftliche Lage
    - Verpflichtungen gegenüber der Familie
    - »Konkurrenten« – mit anderen Worten: Menschen, die ähnliche Ziele verfolgen
    - mangelnde Qualifikation
    - fehlender formeller Abschluss
    - wenig Selbstbewusstsein

Auf manche dieser Barrieren haben Sie keinen oder nur sehr wenig Einfluss. Als Einzelner kann man nicht die Weltwirtschaft revolutionieren. Andere Hemmnisse unterliegen schon eher der eigenen Kontrolle. So können Sie durchaus überlegen, ob Sie es zulassen wollen, dass sich Ihre Mitmenschen zu sehr in Ihre Entscheidungen einmischen. Außerdem ist es möglich, fehlende Abschlüsse nachzuholen und Fähigkeiten auszubauen. Die größten Chancen, etwas zu verändern, haben Sie allerdings, wenn es um Ihr Selbstbewusstsein geht.

Die drei Kriterien für ein effektives Ziel

- Es ist möglichst genau: Finden Sie heraus, was Sie erreichen wollen.
- Es ist konkret messbar: Drücken Sie es in Zahlen aus.
- Es kann von Ihnen weitestgehend selbst bestimmt werden: Sie haben die volle Kontrolle über den Weg zum Ziel.

Beispiele:

- »Mein Ziel ist es, einen guten Job zu finden und viel Geld zu verdienen.« Dies ist kein Ziel. Es ist weder genau noch messbar.

- »Mein Ziel ist es, einen Job als Programmierer mit einem Jahresgehalt von 50.000 Euro in einem Unternehmen zu bekommen, das Computerspiele herstellt.« Dies ist ein klareres Ziel, weil es genauer formuliert und messbar ist. Allerdings können Sie es nicht kontrollieren.

- »Mein Teilziel ist es, zehn Softwarefirmen anzurufen, die Spiele herstellen.« Dieses Ziel ist genau (Telefongespräche führen), messbar (zehn) und Sie können es kontrollieren. Es liegt allein an Ihnen, ob diese Anrufe stattfinden oder nicht.

Achten Sie bei der Zielkontrolle darauf, Fortschritte und nicht Misserfolge zu messen. Setzen Sie sich einfache Ziele. Auch die einfachsten Aktivitäten, die Sie regelmäßig ausführen, sollten Sie als Ziel formulieren (Beispiel: »Ich beantworte meine E-Mails abends um 18 Uhr.«). Verplempern Sie keine Zeit mit Zielen, die Sie unmöglich erreichen können.

Worauf es ankommt, damit der Job zu Ihnen passt

Von großer Bedeutung ist beispielsweise Ihr Durchhaltevermögen. Bleiben Sie beharrlich in diesem Findungsprozess, denn auch das ist Ihre Aufgabe, Ihre Herausforderung und der Weg zu Ihrem Ziel.

Was sollte jetzt geschehen, wenn Sie sich die Ergebnisse Ihrer Überlegungen und aller Übungen anschauen? Vielleicht haben Sie ein großes »Aha-Erlebnis« und rufen freudig: »Mein Gott, jetzt weiß ich, wo ich arbeiten möchte.« Wenn Sie zu diesen intuitiven Menschen gehören, haben

Sie Glück. Trotzdem müssen Sie Folgendes beachten: Schließen Sie nicht voreilig Möglichkeiten aus und reden Sie sich vor allem nicht ein, dass Sie Ihren Traumjob niemals bekommen werden, weil andere besser sind als Sie. Bisher haben Sie es ja noch gar nicht richtig versucht, deshalb ist dieser Pessimismus absolut unnötig.

Natürlich ist es schwierig, einen Arbeitsplatz zu finden, der genau Ihren Vorstellungen entspricht, aber Sie werden überrascht sein, wie nahe Sie diesem Ziel kommen können, wenn Sie Ihren Traum nicht von vornherein selbst anzweifeln. Sie werden vermutlich nur unzufrieden bleiben, wenn Sie die Suche nicht oder nur halbherzig angehen.

Vielleicht kennen Sie ja schon lange Ihre beruflichen Wünsche, wollten sie sich und anderen aber nicht eingestehen, vielleicht gab es jedoch nur dieses unbestimmte Gefühl einer Unzufriedenheit, das Ihnen gelegentlich zu schaffen machte. Nach diesem Arbeitspensum wissen Sie mehr.

Ein Arbeitsplatzanbieter richtet sein Augenmerk eher auf den Nutzen und Gewinn, den er erwarten kann, weniger auf Ihre Interessen. Trotzdem sollten Sie sich an dieser Stelle vor allem Gedanken darüber machen, was Sie im Leben am meisten *interessiert*, denn nur so lassen sich Privat- und Berufsleben in einen günstigen, befriedigenden Einklang bringen. Gehen Sie an Ihre Arbeit mit dem Engagement heran, das Sie auch in Ihrer Freizeit bei Ihrer Lieblingsbeschäftigung entwickeln. Wenn Sie sich über Ihre Interessen, Fähigkeiten und Möglichkeiten im Klaren sind, rückt ein mit Zufriedenheit verbundenes Berufsziel für Sie in greifbare Nähe.

Aber bitte vergessen Sie nie:

Wir sind nicht auf der Welt, um so zu sein, wie andere uns haben wollen.

Was Sie noch wissen sollten …

Das Autorenteam HESSE/SCHRADER ist seit über 25 Jahren auf dem Sektor der Bewerbungsratgeber sowie zu weiteren Themen aus der Arbeitswelt publizistisch tätig und hat im Laufe dieser Zeit mehr als 150 Bücher veröffentlicht. Viele davon liegen auch als Taschenbuchausgabe vor. Am Anfang stand die erstmalige Veröffentlichung aller gängigen sogenannten Intelligenztests und deren kritische Reflexion. Ebenfalls Neuland zum Bereich »Überleben in der Arbeitswelt« erschloss ihr Buch *Die Neurosen der Chefs – die seelischen Kosten der Karriere.*

Beide Autoren verfügen über eine langjährige Erfahrung als Seminarleiter bei Test- und Bewerbungstrainings.

1992 gründeten sie in Berlin das *Büro für Berufsstrategie*, das ausschließlich Arbeitnehmer in allen erdenklichen beruflichen Fragen berät und unterstützt. Hier gehört es zu ihren täglichen Aufgaben, Menschen in dem Findungs- und Verwertungsprozess ihrer Talente und Begabungen, Neigungen und Interessen zu unterstützen und sie zu befähigen, das Beste für sich daraus zu entwickeln.

Hier ein Überblick über die HESSE/SCHRADER-Bücher, die in einer Bewerbungssituation, aber auch im Arbeitsalltag ganz allgemein hilfreich sein können:

Gestaltung der schriftlichen Bewerbungsunterlagen:

- Die perfekte Bewerbungsmappe
  (Ein Buch im DIN-A4-Format mit erfolgreichen Bewerbungsunterlagen in Originalgröße.)

Vorstellungsgespräch:

- Das erfolgreiche Vorstellungsgespräch
  (Alle 150 Fragen, die auf Sie zukommen können – mit Hintergrund und Antwortstrategien.)

Arbeitszeugnisse:

- Arbeitszeugnisse. Professionell erstellen, interpretieren, verhandeln
  (Wer beruflich weiterkommen will, braucht ein gutes Zeugnis und muss die Geheimsprache verstehen.)

Tests und Personalauswahlverfahren:

- Testtraining 2000plus
- Assessment Center. Das härteste Personalauswahlverfahren bestehen

Berufe, Funktionen, Aufgaben

Wir haben für Sie hier zwei Listen mit Berufen vorbereitet. Zum einen finden Sie in der ersten Liste viele Berufe in alphabetischer Reihenfolge geordnet, um sich schnell informieren zu können, welche Buchstabenkombination aus dem Potenzialanalyse-Test (PAT, ab Seite 167) zu welchem Beruf passt.

Die zweite Liste gibt Ihnen – ausgehend von den PAT-Buchstaben-Ergebnissen – einen Überblick und benennt viele Berufsbilder, die gut zu dem Testergebnis passen. So können Sie auch herausfinden, welche Berufe ein ähnliches Profil erfordern wie z. B. Ihr derzeitiger Beruf.

Abteilungsleiter EPV, ETV, EPG
Allgemeinmediziner EPV, IPG
Animateur EPG
Architekt ETV, ETG
Assistent IPV, IPG
Bademeister/Masseur EPG, IPG
Bankkaufmann IPG, IPV
Barkeeper EPG
Bauhandwerker IPV
Bauleiter EPG, EPV
Belletristikautor IPG
Berater ETV, ETG
Betriebselektriker EPV, ITV
Betriebsleiter EPV, IPG
Betriebsrat EPG, IPV
Betriebswirt ITV
Bibliothekar ITV
Biologe ITV
Boulevardjournalist EPG
Buchhalter ITV
Chef EPV
Chefideologe ETV
Chefkoch EPG
Chemiker ITV
Controller ITV, ETV
Direktor EPV
Dramaturg ITG
EDV-Spezialist ITV
Einkäufer EPV
Empfangschef ETG
Ernährungsberater EPV, EPG
Erzieher EPG, IPG, ITG, ETG
Farb- und Stilberater EPG
Feuerwehrmann IPV
Finanzexperte ITV
Florist IPG
Flugbegleiter EPG
Fluglotse ITV

Fondsmanager ETV, ETG
Fotograf IPG, ITG
Friseur EPG
Fundraiser EPG
Gärtner IPG
Gefängniswärter EPV
Geschäftsführer EPV
Gewerkschaftssekretär ETV, EPG
Goldschmied IPG
Grafiker IPG, ITG
Handwerker (Geselle) IPV, IPG
Handwerker (Meister) EPV, IPV
Hotelfachpersonal/Rezeption EPG
Hotelmanager EPV, ETV
Hotelmitarbeiter IPG
Illustrator/Grafiker IPG
Immobilienmakler EPV
Importeur/Exporteur EPV
Informatiker ITV
Ingenieur ITV, ETV
Intendant ETV
IT-Trainer ETV
Journalist ITV, ETV
Jurist ITV, ETV
Kameramann IPG, IPV, EPG
Kassierer ITV
Kaufhausdetektiv IPG
Kellner EPG
Key-Account-Manager ETV, EPV
Kfz-Mechaniker EPV, IPV
Kinderarzt IPV, ITV
Koch IPG
Konstrukteur ITV
Konzertagent EPV, EPG
Krankenpfleger/-schwester ETV, ITG, EPV, IPV, ETG
Krankentransportfahrer ETV
Kriminalbeamter ITV
Kriminalkommissar ITV
Kundenberater EPG
Kunstkritiker ITG
Künstler ITG, ETG
Kunsttherapeut IPG
Lehrer Grundschule EPG
Lehrer ETG, ETV
Leiter F & E ETV
Logistikexperte ITV
Luftverkehrskaufmann ITV
Maler/Dekorateur EPG
Manager/Unternehmer EPV
Marketingassistent ETV
Marketingdirektor ETV, EPV
Masseur ETG, EPG
Mathematiker ITV
Maurer EPV
Mechaniker ITV, IPV
Mediziner ITG, ETV
Model EPG
Moderator ETG, EPV
Musiker ITG
Musiktherapeut ITG
Nachhilfelehrer ITG
Naturwissenschaftler ITV
Notar ETV
Oberarzt ETV

Offizier ITV, ETV
Personalentwickler ITV, ETG
Personalleiter EPV
Personalmanager EPG
Physiotherapeut IPG
Pilot ITV
Polier EPV
Politiker EPV, ETV
Politikwissenschaftler ETV
Polizist EPV, ETV
PR-Berater EPG, ETG
Pressesprecher ETG, ETV
Produktionsmitarbeiter IPG
Produzent ETG
Professor ITV, ETV
Propagandist EPG
Psychiater ITV, ITG, ETG
Psychologe ITG, ETG, ITV
Psychotherapeut ITG
Publizist ETV, ITG
Rechtsanwalt ETV, EPV
Regisseur ETG
Restaurantfachkraft IPG
Restaurator IPG
Richter ITV, ETV
Sachbearbeiter IPV, ITV
Sachbuchautor ETV
Sanitäter EPV
Schaufenstergestalter IPG
Schauspieler EPG, IPG
Schauspiellehrer EPG
Schlosser IPV
Sekretär/-in ETG, IPG, ETV
Sozialarbeiter ITG, IPG
Sozialpädagoge ETG
Sozialwissenschaftler ITV
Steuerberater ITV
Systemanalytiker ITV
Tänzer ITG, EPG
Taucher IPV
Techniker ITV
Technischer Zeichner ITV
Tischler IPV
Trainer EPV, ETG
Übersetzer ETG, ITG
Unterhaltungsmusiker EPG
Unternehmensberater ITV, ETV
Verkäufer EPG, IPG
Verkehrspolizist EPG
Verleger EPV
Verwaltungsbeamter ITV
Verwaltungsjurist IPV
Vollzugsbeamter IPV
Wächter IPV
Werbeleiter EPG, ETV
Werbemanager EPG
Wissenschaftler ITV, ETV
Zahnarzthelfer ETG
Zahntechniker IPV
Zollbeamter IPV

Merkmalsindex

EPV
Abteilungsleiter EPG, ETV
Allgemeinmediziner IPG
Bauleiter EPG
Betriebselektriker ITV
Betriebsleiter IPG
Chef
Direktor
Einkäufer
Ernährungsberater, EPG
Gefängniswärter
Geschäftsführer
Handwerker (Meister) IPV
Hotelmanager ETV
Immobilienmakler
Importeur/Exporteur
Key-Account-Manager ETV
Kfz-Mechaniker IPV
Konzertagent EPG
Krankenpfleger/-schwester ITG, IPV, ETV, ETG
Manager/Unternehmer
Marketingdirektor ETV
Maurer
Moderator ETG
Personalleiter
Polier
Politiker ETV
Polizist ETV
Rechtsanwalt ETV
Sanitäter
Trainer ETG
Verleger

ETV
Abteilungsleiter EPG, EPV
Architekt
Berater ETG
Chefideologe
Controller ITV
Fondsmanager ETG
Gewerkschaftssekretär EPG
Hotelmanager EPV
Ingenieur ITV
Intendant
IT-Trainer
Journalist ITV
Jurist ITV
Key-Account-Manager EPV
Krankenpfleger/-schwester ITG, ETG, EPV, IPV
Krankentransportfahrer
Lehrer ETG
Leiter F&E
Marketingassistent
Marketingdirektor EPV
Mediziner ITG
Notar
Oberarzt
Offizier ITV
Politiker EPV
Politikwissenschaftler
Polizist EPV
Pressesprecher ETG

Professor ITV
Publizist ITG
Rechtsanwalt EPV
Richter ITV
Sachbuchautor
Sekretär/-in ETG, IPG
Techniker ITV
Unternehmensberater ITV
Wissenschaftler ITV
Werbeleiter EPG

EPG

Abteilungsleiter EPV, ETV
Animateur
Bademeister/Masseur
Barkeeper
Bauleiter EPV
Betriebsrat IPV
Boulevardjournalist
Chefkoch
Ernährungsberater EPV
Erzieher IPG, ITG, ETG
Farb- und Stilberater
Flugbegleiter
Friseur
Fundraiser
Gewerkschaftssekretär ETV
Hotelfachpersonal/Rezeption
Kameramann IPV, IPG
Kellner
Konzertagent EPV
Kundenberater
Lehrer Grundschule
Maler/Dekorateur
Masseur ETG
Model
Personalmanager
PR-Berater ETG
Propagandist
Schauspieler IPG
Schauspiellehrer
Tänzer ITG
Übersetzer
Unterhaltungsmusiker
Verkäufer IPG
Verkehrspolizist
Werbeleiter ETV
Werbemanager

ETG

Architekt
Berater ETV
Empfangschef
Erzieher EPG, IPG, ITG
Flugbegleiter
Fondsmanager ETV
Krankenpfleger/-schwester ETV, ITG, IPV, EPV
Künstler ITG
Lehrer ETV
Masseur EPG
Moderator EPV
Personalentwickler ITV
PR-Berater EPG
Pressesprecher ETV
Produzent
Psychiater ITV, ITG
Psychologe ITG, ETG, ITV

Publizist ETV, ITG
Regisseur
Sekretär/-in IPG, ETV
Sozialpädagoge
Trainer EPV
Übersetzer ITG
Zahnarzthelfer

IPG

Allgemeinmediziner EPG
Assistent
Bademeister/Masseur EPG
Bankkaufmann IPV
Belletristikautor
Betriebsleiter EPV
Erzieher EPG, ITG, ETG
Florist
Fotograf ITG
Gärtner
Goldschmied
Grafiker ITG
Handwerker (Geselle) IPV
Hotelmitarbeiter
Illustrator/Grafiker
Kameramann EPG, IPV
Kaufhausdetektiv
Koch
Kunsttherapeut
Physiotherapeut
Produktionsmitarbeiter
Restaurantfachkraft
Restaurator
Schaufenstergestalter
Schauspieler EPG
Schauspiellehrer EPG
Sekretär/-in ETG, ETV
Sozialarbeiter ITG
Verkäufer EPG

IPV

Assistent
Bankkaufmann IPG
Bauhandwerker
Betriebsrat EPG
Feuerwehrmann
Finanzexperte
Handwerker (Geselle) IPG
Handwerker (Meister) EPV
Kameramann EPG, IPG
Kfz-Mechaniker EPV
Kinderarzt ITV
Krankenpfleger/-schwester ETV, ITG, EPV, ETG
Kriminalbeamter
Mechaniker ITV
Polizist
Richter
Sachbearbeiter ITV
Schlosser
Taucher
Tischler
Verwaltungsjurist
Vollzugsbeamter
Wächter
Zahntechniker
Zollbeamter

ITV

Betriebselektriker EPV
Betriebswirt
Bibliothekar
Biologe
Buchhalter
Chemiker
Controller ETV
EDV-Spezialist
Finanzexperte
Fluglotse
Informatiker
Ingenieur ETV
Journalist ETV
Jurist ETV
Kassierer
Kinderarzt IPV
Konstrukteur
Kriminalbeamter
Kriminalkommissar
Logistikexperte
Luftverkehrskaufmann
Mathematiker
Mechaniker IPV
Naturwissenschaftler
Offizier ETV
Personalentwickler ETG
Pilot
Professor ETV
Psychiater ITG, ETV
Psychologe ITG, ETG
Psychotherapeut ITG
Publizist ETV, ITG
Richter ETV
Sachbearbeiter IPV
Sozialwissenschaftler
Steuerberater
Systemanalytiker
Techniker
Technischer Zeichner
Unternehmensberater ETV
Verwaltungsbeamter
Wissenschaftler ETV

ITG

Dramaturg
Erzieher IPG, EPG, ETG
Fotograf IPG
Grafiker IPG
Krankenpfleger/-schwester ETV, EPV, IPV, ETG
Kriminologe
Kunstkritiker
Künstler ETG
Mediziner ETV
Mitarbeiter einer Beratungsstelle
Musiker
Musiktherapeut
Nachhilfelehrer
Psychiater ITV, ETV
Psychologe ETG, ITG, ITV
Psychotherapeut
Publizist ETV
Sozialarbeiter IPG
Tänzer EPG
Übersetzer ETG

Anmerkungen

1 Vgl. dazu Bolles (1970)
2 Vgl. dazu Bolles (1970), vgl. deutsche Ausgabe, S. 126
3 Vgl. dazu Bolles (1997), S. 109
4 Vgl. Bolles (1997), sowie die deutsche Ausgabe des Workbooks (2002), S. 39 ff.
5 Für die Anregung danken wir Richard Nelson Bolles, vgl. Bolles (1997), S. 8 ff., deutsche Ausgabe (2002), S. 283 ff.

Literatur

Christophe André und François Lelord: *Die Kunst der Selbstachtung*, Berlin 2002.

Richard Nelson Bolles: *Job Hunting*, München 1970, deutsche Ausgabe (vergriffen).

Richard Nelson Bolles: *What Color Is Your Parachute? A Practical Manual for Job Hunters and Career Changers*, Berkeley 1997 (deutsche Ausgabe: *Durchstarten zum Traumjob*, Frankfurt a. M./New York 2003).

Richard Nelson Bolles: *The Parachute Workbook and Resource Guide*. Berkeley 1997 (deutsche Ausgabe: *Durchstarten zum Traumjob. Das Workbook*, Frankfurt a. M./New York 2002).

Max Eggert: *The perfect Career*, London 1994.

W. Sarges, in: R. Hossiep et al.: *Persönlichkeitstests im Personalmanagement*, Göttingen 2000.

Robert J. Sternberg: *Erfolgsintelligenz. Warum wir mehr brauchen als EQ + IQ*, München 1998.

Edward L. Thorndike, zitiert nach: Andreas Huber: *EQ – Emotionale Intelligenz*, München 1996.

Stichwortverzeichnis